Jacques Timmermans
Der neue Wochenend-Modellbahner

V100 1224

Jacques Timmermans

Der neue Wochenend-Modellbahner

GeraMond

Impressum

Produktmanagement: Martin Distler
Schlusskorrektur: Helga Peterz
Satz: Peter Schneider
Repro: Cromika s.a.s., Verona
Umschlaggestaltung: Medienfabrik, Stuttgart
Herstellung: Thomas Fischer
Printed in Italy by Printer Trento

Alle Angaben dieses Werkes wurden vom Autor sorgfältig recherchiert und auf den aktuellen Stand gebracht sowie vom Verlag geprüft. Für die Richtigkeit der Angaben kann keine Haftung übernommen werden. Für Hinweise und Anregungen sind wir stets dankbar. Bitte richten Sie diese an:

GeraMond Verlag
Lektorat
Postfach 40 02 09
D-80702 München
E-Mail: lektorat@verlagshaus.de

Die Deutsche Nationalbibliothek verzeichnet diese Publikation in der Deutschen Nationalbibliografie; detaillierte bibliografische Daten sind über http://dnb.d-nb.de im Internet abrufbar.

ISBN 978-3-7654-7292-3

Vorwort

Vor Ihnen liegt „Der neue Wochenend-Modellbahner“, Nachfolger des 2006 erschienenen und sehr beliebten Erstlingswerkes „Der Wochenend-Modellbahner“. Wie im ersten Band haben wir die Erfolgsformel von „Modellbahn soll Spaß machen“ plus „Wochenend-Projekte“ angewandt, um Sie, liebe Leser, zur Fortsetzung dieses schönen Hobbys zu ermuntern und Ihr Streben nach einer perfekten Modellumsetzung zu unterstützen. Die in diesem Buch gezeigten Projekte sind jedoch nicht nur eine banale Fortsetzung des ersten Teils, sondern sollen auch den anspruchsvolleren Modellbahner ansprechen und die Leserschaft des ersten Teils dazu verführen, sich größeren Herausforderungen zuzuwenden. Aufmerksamen Lesern wird sofort auffallen, dass in diesem Buch Themen zur bayerischen Länderbahn, zugegeben mein Steckenpferd, öfter erscheinen als Themen zu anderen Eisenbahnepochen. Die anhand des jeweiligen Geschichtsabschnitts gezeigte Baupraxis ist jedoch problemlos auf andere Zeiträume übertragbar und gab insofern bei der Auswahl der Projekte eher den Ausschlag als die gewählte Epoche.

Eine genaue Bestimmung der Schwierigkeitsgrade und das exakte Einschätzen des Zeitaufwands der einzelnen Projekte fiel mir nicht leicht. Dies lag vor allem daran, dass die ausgewählten Projekte, im Vergleich zum ersten Band, neue Themen und, damit einhergehend, neue Techniken und Baumethoden behandeln – meist sind die Projekte im Schwierigkeitsgrad schon eine halbe Etage höher angesiedelt als beim Vorgängerbuch. Trotzdem wurde natürlich versucht, die Schwierigkeitsgrade und die benötigte Bauzeit so objektiv wie möglich einzuschätzen. Dennoch kann es vorkommen, dass Einsteiger das eine oder andere Projekt als aufwendiger empfinden und einen höheren Zeitaufwand haben als angegeben. Ich wünsche Ihnen viel Spaß beim Lesen der Lektüre und eine gelungene und befriedigende Modellumsetzung!

Jacques Timmermans

Inhalt

1 Oberfläche

Historische Leuchte

Bausatz einer bayerischen Bahnhofslaterne

Richtig positionierte Laternen können das Gesamtbild einer Anlage wesentlich beeinflussen. Dabei geht es weniger um die Funktionsfähigkeit der Lampen als um das äußere Erscheinungsbild. Im Programm von Gebhard Reitz ist eine ganze Reihe schöner, filigraner Leuchten zu finden, die sehr gut in die Bahnhofsumgebung passen.

Das wird benötigt

Werkzeuge	Airbrush, Feilen, Lötkolben, div. Bohrer, Bohrhalter, Pinsel
Material	Bausatz bayerische Bahn, Steiglaterne # 1601 von Reitz Modellbau, Farben, Abdecklack, Grundierung
Schwierigkeit	1 (einfach)
Zeitbedarf	1 Tag
Besonderheiten	Trockenzeit des Abdecklackes

Einzelteile

Als Erstes sind alle Teile des Bausatzes mit einer kleinen Feile und Schleifpapier zu entgraten und zu säubern. Danach muss das übrig gebliebene Trennwachs im Mastfuß entfernt werden, indem man ihn einfach mit einem 1,8-mm-Spiralbohrer durchbohrt. Das Sechskantröhrchen wird mit einem 3,3-mm-Spiralbohrer aufgebohrt, damit es sich leicht in den Mastfuß schieben lässt. Den Lampenschirm und den Mastring befeilt man so, dass die Glühbirne genau in den Schirm passt und der Ring den Mast passgenau umfassen kann. Für die Durchführung des Lampendrahts wird anschließend in den Mast ein Loch von 0,5 mm Durchmesser gebohrt.

Mast und Krone

Nachdem die ineinander gesteckten Sechskantrohre auf genaues Maß gebracht sind, werden sie verlötet. Auf die gleiche Weise befestigt man den Lampenfuß am Mast und zuletzt den isolierten Draht am Fuß. Schließlich wird zuerst das Glühbirnchen mit dem Lampenschirm und danach die Kupferlitze am Lampenschirm verlötet.

Die bayerische Laterne wirkt sehr mächtig.

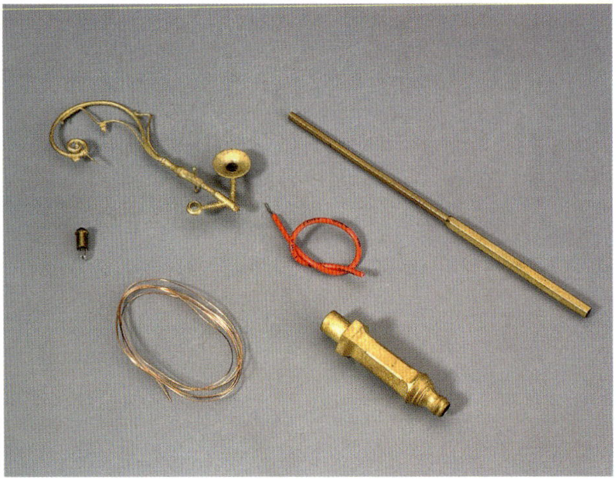

Nun kann der Lampenschirm mit Glühbirne am Drahtstück der Mastkrone angelötet und das Glühbirnchen auf seine Funktion kontrolliert werden. Danach schiebt man die Mastkrone vorsichtig in den bereits fertigen Mast und lötet auch diese Teile zusammen. Zum Schluss gilt es noch die Kupferlitze durch den fertigen Mast zu ziehen, ohne die isolierende Lackschicht zu beschädigen, denn sonst folgt unweigerlich ein Kurzschluss!

Lackierung

Nach dem Entfetten mit Alkohol bekommt die Laterne mit der Spritzpistole eine Grundierung, wobei etwas Maskol das Glühbirnchen abdeckt. Erst danach wird die Unterkante des Schirms weiß angestrichen. Nach etwa acht Stunden wird die Farbe schließlich so weit getrocknet sein, dass das Maskol wieder entfernt werden kann. Bevor die komplette Laterne letztendlich schwarz gespritzt wird, deckt man die Schirmunterkante und das Glühbirnchen nochmals mit Maskol ab. Diese Schutzschicht sollte jedoch sofort entfernt werden, sobald die aufgesprühte Farbe staubtrocken ist. Nun ist die hübsche Laterne fertig und kann im Bahnhofsbereich ihren Platz finden.

Die Zahl der Einzelteile des Lampenbausatzes ist überschaubar (oben).

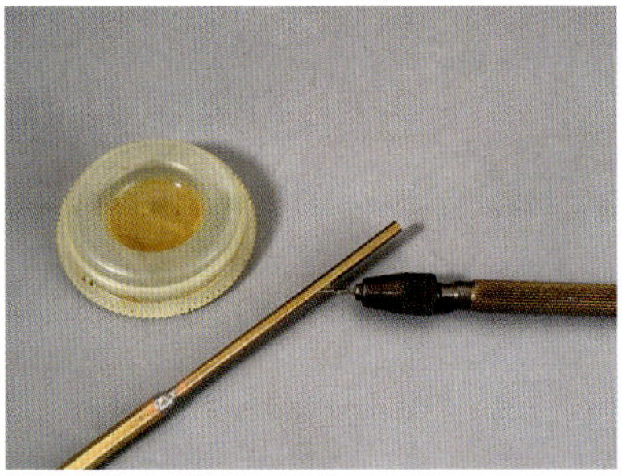

Beim Bohren in den Laternenmast darf Schneideöl nicht fehlen.

Sowohl Flammlötgerät als auch Lötkolben kommen beim Zusammenbau zum Einsatz. Zum Löten wird Elektronik- und Flüssiglot verwendet.

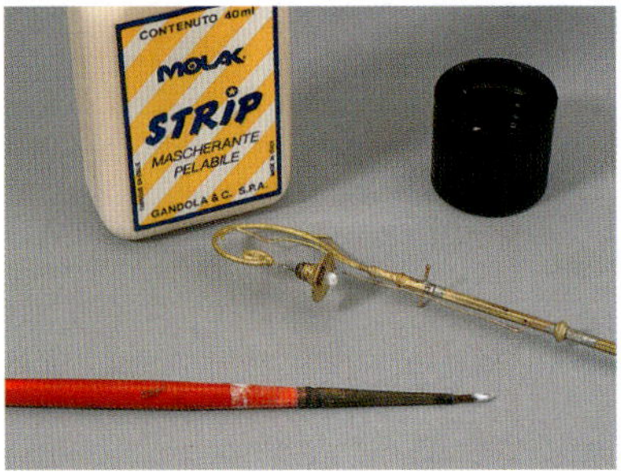

Etwas Maskol deckt das Glühbirnchen vor dem Grundieren ab (rechts).

Der Lampenschirm wird unten weiß angestrichen (ganz rechts).

Großvaters Möbeltransport

Aus Messingätzteilen entsteht ein kleiner Ladewagen

Das Vorbild des hier vorgestellten Möbelwagens mit einem Rauminhalt von 13,5 m³ und einer Ladefähigkeit von 3.000 kg wurde zwischen 1875 und 1920 gebaut. Der Einsatz erfolgte bis in die Fünfzigerjahre hinein meistens dort, wo es galt, Möbel, Hausrat und sperrige Gegenstände zu transportieren. Dass man den Wagen zweifellos als Vorläufer des Containers der Gegenwart bezeichnen kann, ist in seinem Transportverfahren begründet. Schon damals wurde das Ladegut nicht wie gewöhnlich in geschlossene Güterwagen „umgeschlagen“, sondern der komplette Möbelwagen auf Flachwagen verladen. Am Zielbahnhof gelangte er wieder per Pferdetraktion an den Empfänger.

Der Bausatz

Der sehr fein detaillierte Bausatz besteht aus etwa vierzig feinst geätzten Teilen, die eine kaum nennenswerte Unterätzung aufweisen. Die Bremswelle und beide Achsen bestehen aus Messingdraht von 0,3 und 1,0 mm Stärke. Auch die in die Räder eingeätzten Rundlöcher und die Deichsel sind präzise ausgeführt und bedürfen keiner Nacharbeit. Eine Beschriftung ist im Bausatz nicht enthalten, lässt sich aber aus Überbleibseln anderer Produkte gut zusammenstellen.

Das hübsche Gespann fährt in Richtung Ladestraße, wo seine Fuhre bereitsteht.

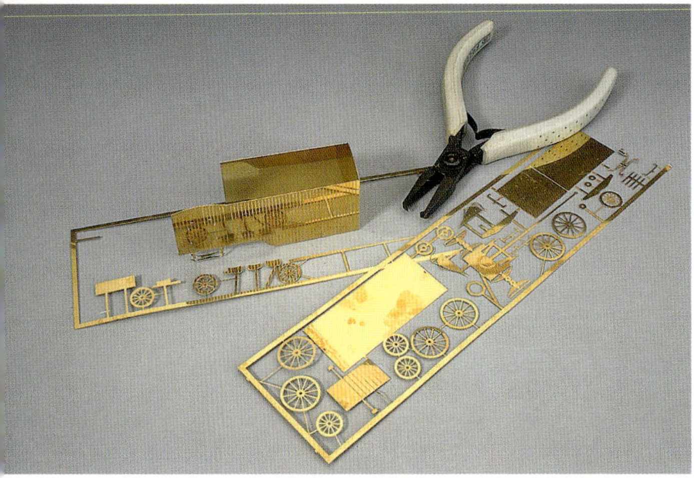

Arbeitsweise

Ein scharfer Seitenschneider reicht völlig aus, um die Teile von der Ätzplatine zu trennen. Keinesfalls entfallen darf das Versäubern aller Teile mit feinem Schleifpapier. Sämtliche Kleinteile wie Radachsen, Splinte, Bremswelle und Türverrieglung werden mit dem Lötkolben verlötet, um sie durch die Hitze eines Flammlötgeräts nicht zu deformieren. Alle übrigen Lötarbeiten erfolgen mit dem Flammlötgerät.

Der Überblick zeigt die Bauteile des Möbelwagens (oben).

Feines Schleifpapier beseitigt die Überstände der Positionierungslaschen.

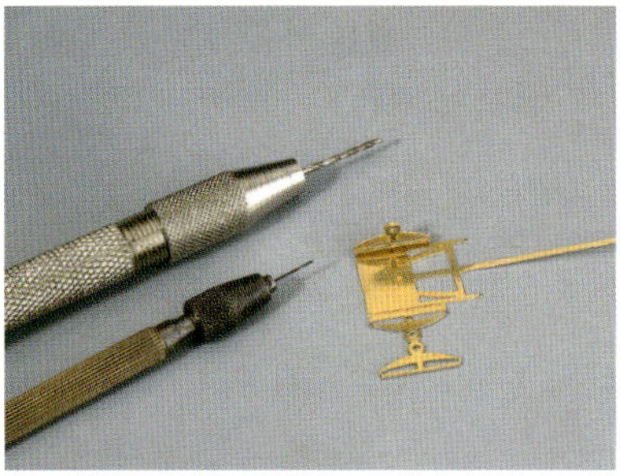

In die Deichsel muss eine Bohrung für den Deichselzapfen gebohrt werden.

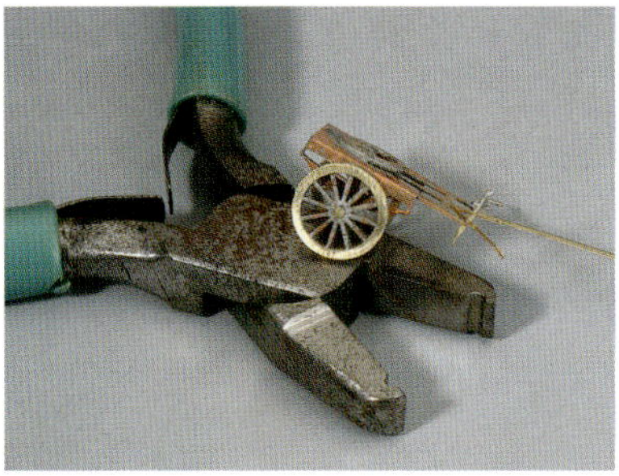

Die Deichselquerhölzer werden zuerst verstiftet und dann verlötet.

Wagenkasten

Zu Beginn knickt man den Wagenkasten dreimal rechtwinklig über eine gerade Kante. Um eine windschiefe Bauweise zu vermeiden, sollte man den Kasten nach jedem Knickvorgang auf seine exakte Rechtwinkligkeit überprüfen. Die offene Kante wird dann präzise und dünn verlötet. Um unter dem Wagenboden für die freie Beweglichkeit der Deichsel reichlich Platz zu schaffen, muss das Bodenblech noch zweimal umgesetzt werden, sodass sich das vordere Bodenteil etwa 3 mm über das hintere Teil erhebt.

Dann werden beide hinteren Federpakete um 180° geknickt und miteinander verlötet, um anschließend ebenfalls mit Lötzinn in den Schlitzen am Wagenboden festen Halt zu finden. Nun können das Deichselgelenk und die aus zwei Blechen bestehende Deichselabstützung an die Bodenplatte gelötet werden. Weitere Lötvorgänge befestigen den Wagenboden im Wagenkasten sowie eine Türverrieglung an der Rückseite.

Deichsel

Zuerst werden zwei Gleitringe auf die noch nicht umgeknickte Deichsel gelötet; die Aufnahmebohrung für den Deichselzapfen sollte dabei genau in der Mitte der Gleitringe liegen. Als Nächstes verlötet man die beiden Deichselquerhölzer mit der Deichsel. Die Federpakete werden zuerst aus zwei Hälften zusammen- und dann rechtwinklig umgeknickt. Die Innenkante der Knicke kann eventuell zur Verstärkung etwas Lot erhalten.

Wagenbock

Zuerst lötet man zwei Konsolen mit anmontierten Haltegriffen in die Schlitze an der Stirnseite des Wagenkastens. Hierauf wird dann das Sitzbrett befestigt. Anschließend wird das Bodenblech an einer Seite entlang der angegebenen Falzlinie genau rechtwinklig, an der anderen Seite etwas rund gebogen. Nachdem auch die Aufstiegstritte umgeknickt sind, kann man das Bodenblech bündig mit der Kastenunterkante anlöten.

Dach

Ungewöhnlich ist die in der Bauanleitung zu lesende Anweisung, die kleinen, emporstehenden Laschen in der Seitenwandmitte nicht abzuzwicken, da sie zu einer präzisen Positionierung des Daches verhelfen. Diese Laschen passen in zwei Schlitze in der Dachmitte und sorgen dafür, dass das Dach bei der Montage an allen Seiten denselben Überstand erhält und das Ausrichten ein Kinderspiel ist. Wenn das Dach über ein Kunststoffrohr von etwa 50 mm so vorgebogen wird,

Nach dem Zusammenlöten aller Teile zeigt sich der Möbelwagen in diesem Zustand.

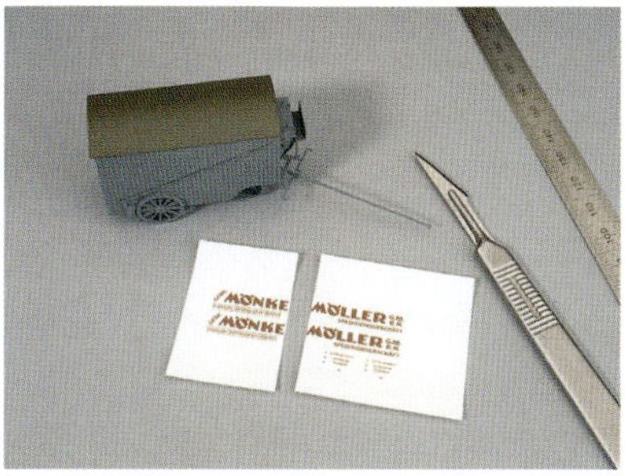

Aus Resten von Nassschiebebildern kann eine Beschriftung zusammengestückelt werden.

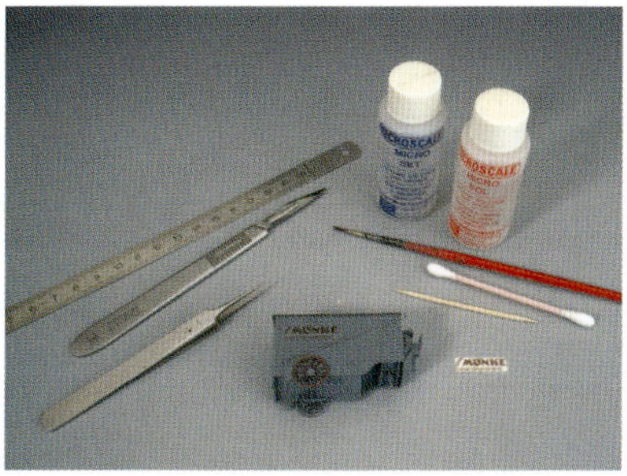

Weichmacher vertuscht die Ränder der Nass-Schiebebilder (links). Zwei Laschen halten das Dach auf dem Wagenkasten (unten).

Beachtenswert: die fein geätzten Handgriffe (oben)

Gut erkennbar sind die Gleitringe der Deichsel.

Kaum sichtbare Splinte führen die Bremswelle zu den Bremsklötzen.

Ein Pferdegespann und ein Wagenführer bewerkstelligen den Straßentransport.

dass es die gleiche Rundung wie die Stirnseiten aufweist, lässt es sich vollkommen mühelos am Wagenkasten verlöten.

Räder

Um die Räder plastischer darzustellen, werden drei geätzte Räderwerke exakt bündig aufeinander gelötet. Nachdem alle Achsbohrungen mit einem 1,0-mm-Bohrer nachgebohrt sind, kann man die Achsen in die Lager einführen und auf das exakte Längenmaß bringen. Zuletzt werden die fertigen Räder aufgelötet.

Bremsanlage

Indem zwei Ätzteile passgenau miteinander verlötet werden, erhält man die Bremsklötze. Diese befestigt man ebenfalls mit Lötzinn an jeweils der gleichen Stelle seitlich am Wagenkasten. Eine aus 0,3-mm-Draht gefertigte Bremsstange ergänzt die Bremsklötze. Aus dem gleichen Draht wird eine Bremswelle angefertigt, die von einer Kurbel am Wagenbock durch einige Splinte zu den zuvor befestigten Bremsklötzen führt.

Den kompletten Wagen lackiert man nach einer Grundierung blaugrau, das Dach braungrau. Die Radsterne werden nachträglich mit einem kleinen Pinsel braun, die Radreifen in einem Eisenton bemalt. Auf einem Flachwagen der Eisenbahn verladen, stellt der Möbelwagen eine optische Bereicherung für jede Anlage dar. Für den Straßentransport wird ein Pferdegespann von Preiser vorgespannt, das Puristen sicherlich nicht ohne Riemen und Zügel einsetzen.

Das wird benötigt

Werkzeuge	Airbrush, Feilen, Lötkolben, div. Bohrer, Bohrhalter, Pinsel
Material	Bausatz Möbelwagen von PB Messing Modelbouw (2520 Ranst, Belgien) Farben, Grundierung, Nass-Schiebebildbeschriftung, Weichmacher, Pferdegespann und Wagenführer von Preiser
Schwierigkeit	2 (nicht zu kompliziert)
Zeitbedarf	2 Tage
Besonderheiten	Beschriftung in Eigenregie zusammenstellen

Am Zielbahnhof gelangte der Möbelwagen wieder per Pferdetraktion an den Empfänger.

Das Ladegut wurde nicht in geschlossene Güterwagen umgeschlagen, sondern der komplette Möbelwagen auf Flachwagen verladen.

Das komplette Länderbahn-Signalsortiment der Firma Reitz

Hinweise auf Blech

Bayerische Lokalbahn-Signaltafeln aus Fotopapier und Messingguss

Bei jeder Bauverwaltung gibt es Verfügungen und Grundsätze, um einen reibungslosen Betrieb sicherzustellen. Durch Signale und Signaltafeln wird das Personal auf solche Regelungen hingewiesen. Deren Befolgung ist strikt geboten und oberste Pflicht jedes Eisenbahnpersonals. Signale und Signaltafeln finden sich an Bahnsteigen, Baustellen, vor Bahnübergängen und entlang der Strecken. Heutzutage nimmt deren Wichtigkeit durch direkte Anweisungen über Funk ab. Bayerische Signaltafeln werden von Reitz in Form eines maßstäblich skalierten Fotoabzugs angeboten. Darauf finden sich Anfangs- und Endscheiben der Epochen I und II, das Schutzhaltsignal sowie Pfeif- und Läutetafel in zwei Größen. Der bayerische Neigungsanzeiger hingegen ist in Messingfeinguss hergestellt. Die einzelnen Signalbilder lassen sich am besten mit einer Schere oder einem Skalpell aus den Bogen heraustrennen. Das Zurechtschneiden macht bei den normalen rechteckigen Signaltafeln nicht allzu viel Mühe. Mit einer scharfen Schere werden die Tafeln zuerst grob ausgeschnitten. Anschließend werden sie mit einem am Stahllineal entlanggeführten Skalpell exakt zugeschnitten.

Locheisen

Bei den runden Signaltafeln wird anders vorgegangen. Anstelle von Schere oder Skalpell, mit denen das Ausschneiden runder Formen nur sehr mühsam und schwierig gelingt, erweist sich ein Locheisen von etwa 5,5 mm als das am besten geeignete Werkzeug. Das Locheisen wird so angesetzt, dass dessen Schneidekanten die Signaltafel exakt bündig umfassen. Einige sanfte Hammerschläge auf das Eisen lösen die Signaltafel kugelrund aus dem Fotopapier heraus. Ein Holz- oder Kunststoffklotz dient dazu als Unterlage.

Die Tafelpfosten

Für die ausgetrennten Signaltafeln werden aus 1 mm starkem Kunststoffrundprofil oder Vierkantprofil von etwa 0,8 mm Stärke (z. B. von Evergreen) die benötigten Eisenrohr- bzw. Betonpfosten hergestellt. Alternativ kann man anstelle des erwähnten Kunststoffrundprofils gleich starken Messingdraht verwenden. Die Beton- und Eisenrohrpfosten werden auf genau 35 mm mit einem scharfen Skalpell oder einem kleinen Seitenschneider abgelängt. Nachdem so etliche Beton- und Eisenrohrpfosten hergestellt worden sind, werden sie mit ein paar Tropfen herkömmlichen Kunststoffklebers von hinten genau in der Mitte der Signaltafeln angeklebt. Der Kunststoffkleber, z. B. der von Faller, ist hier zu empfehlen, da die modernen Fotopapiere eine Kunststofffolie für die lichtempfindliche Schicht besitzen, die sich sehr gut mit dem Kunststoffkleber verkleben lässt.

Anstrich

Bevor mit der Bemalung begonnen wird, sollten sämtliche Schnittkanten der Papiertafeln mit einem dünnen schwarzen Stift nachgezogen werden, damit weiße Kanten

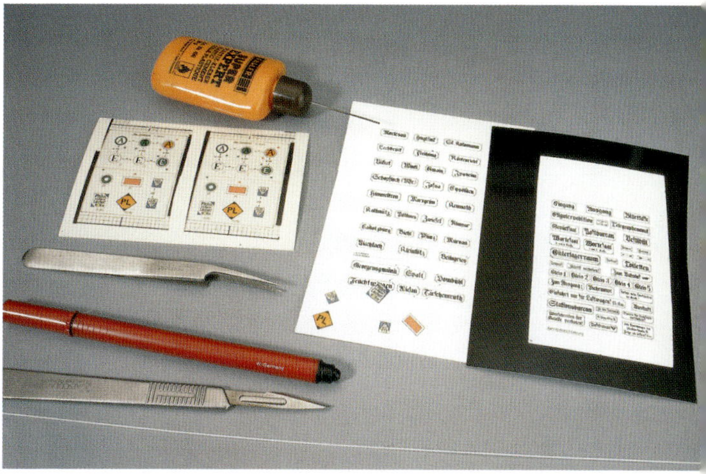

Die Signaltafeln von Reitz als Fotopapier-Bogen

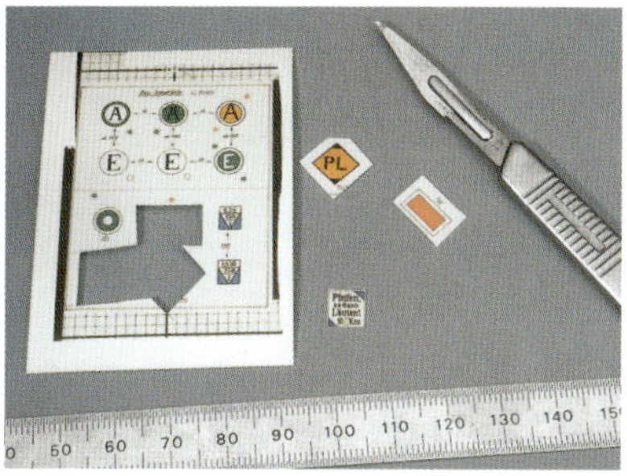

Die rechteckigen Tafeln werden mit einem Skalpell zugeschnitten.

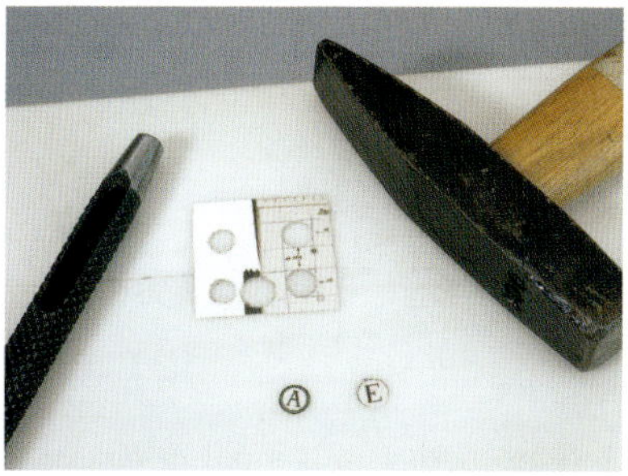

Dagegen werden die runden Tafeln mit einem Locheisen ausgeschlagen.

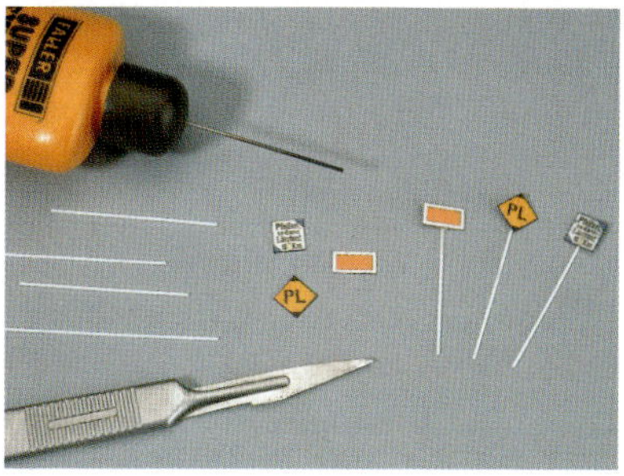

Die Pfosten werden mit Kunststoffkleber fixiert.

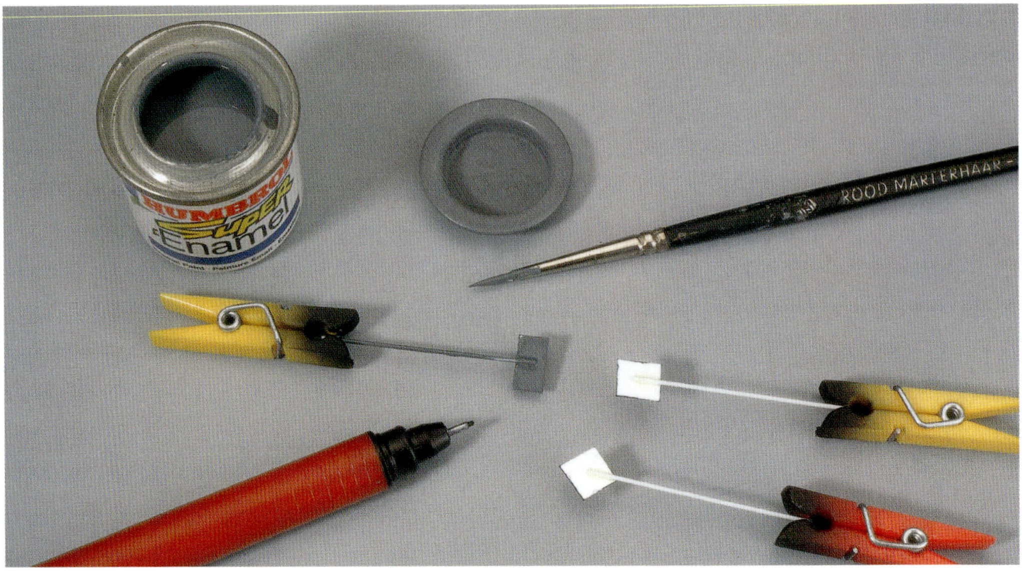

Mit schwarzem Filzstift werden die Schneidekanten kaschiert.

Eine Grundierung ist unentbehrlich (rechts). Zuerst werden die Neigungsanzeigerpfosten blau lackiert (unten).

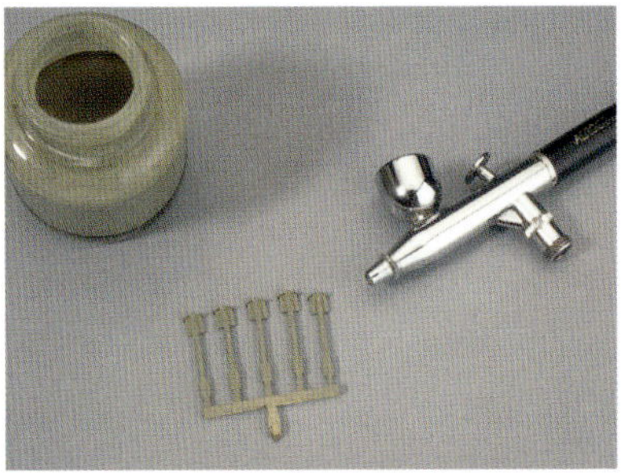

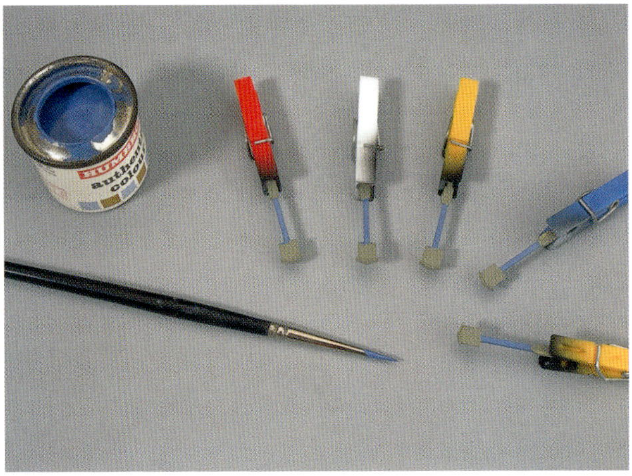

nicht den optischen Eindruck beeinträchtigen. Hiernach sind die Rohrpfosten der Signaltafeln zu lackieren: die Pfosten sowie die Tafelrückseite mit Mittelgrau # 125 von Humbrol. Bei den Signaltafeln mit einem Betonpfosten werden die Tafelrückseiten mittelgrau, die Betonpfosten selbst mit Betonfarbe bemalt. Diesen Farbton erhält man mit beige/grauer Farbe #121, die mit mattschwarzer Farbe # 33 von Humbrol abgedunkelt wird.

Neigungsanzeiger

Nachdem die Neigungsanzeigerpfosten aus Messingguss abgelöst sind, werden die Trennstellen mit einer Schlüsselfeile geglättet. Zur Vorbereitung für den Farbauftrag werden die Pfosten mit etwas Aceton oder Alkohol und einem alten Pinsel gründlich gereinigt. Lauwarmes Wasser mit etwas Seife oder Spülmittel erfüllt diesen Zweck genauso gut und ist außerdem noch umweltfreundlich. Danach wird eine Schicht Grundierung übergesprüht. Hierzu wird eine Spritzpistole mit einer 0,25 mm großen Düse verwendet.

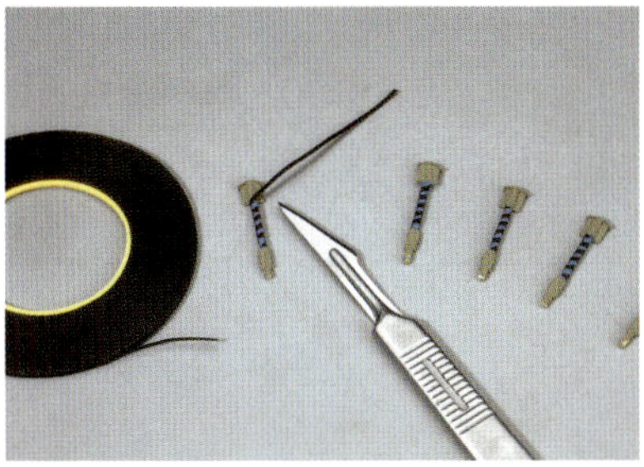

Nach einem Tag werden die Pfosten mit dünnem Klebeband spiralig abgeklebt.

Blauweiß gestreift

Nach ausreichender Trocknung der Grundierung werden nun die Holzpfosten mit einem kleinen Pinsel der Größe 1 oder 2 in der Farbe Dragonerblau # 109 von Humbrol angemalt. Um sicher zu gehen, dass die Farbe absolut durchgetrocknet ist, sollte man erst am nächsten Tag mit einem 1 mm breiten Streifen Klebeband den Pfosten rechtsdrehend und gleichzeitig schräg emporsteigend so abkleben, dass ein etwa gleich breiter Streifen der blauen Farbe noch sichtbar bleibt. Danach wird der komplette Pfosten mit der Spritzpistole in Mattweiß – 34 von Humbrol lackiert. Sobald die Farbe staubtrocken ist, wird das Klebeband vorsichtig mit einer Pinzette entfernt. Ist die Farbe

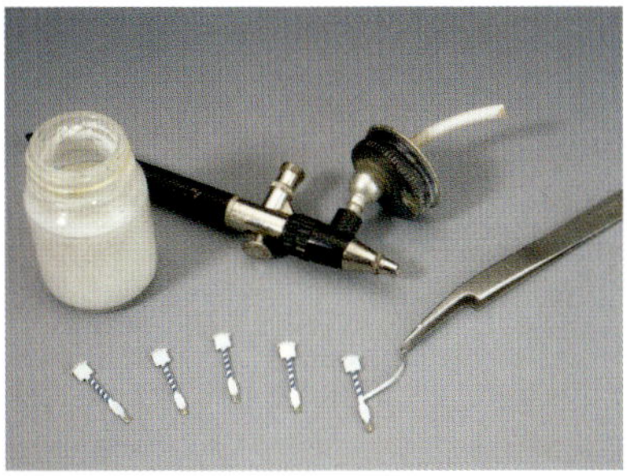

Nach der Lackierung wird das Klebeband mit einer Pinzette entfernt.

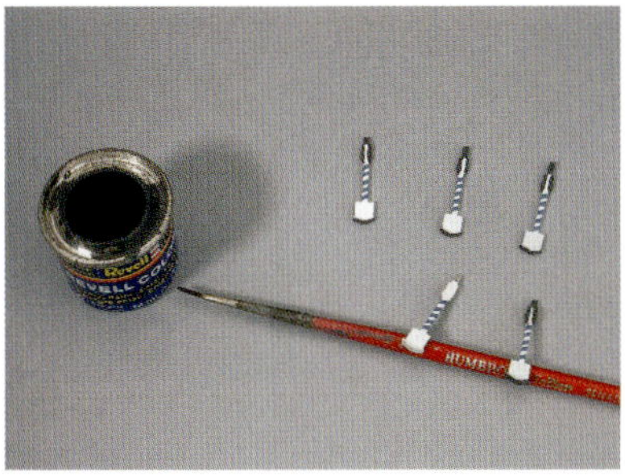

Für die Tafelkanten und die Abdeckung wird graue Farbe verwendet.

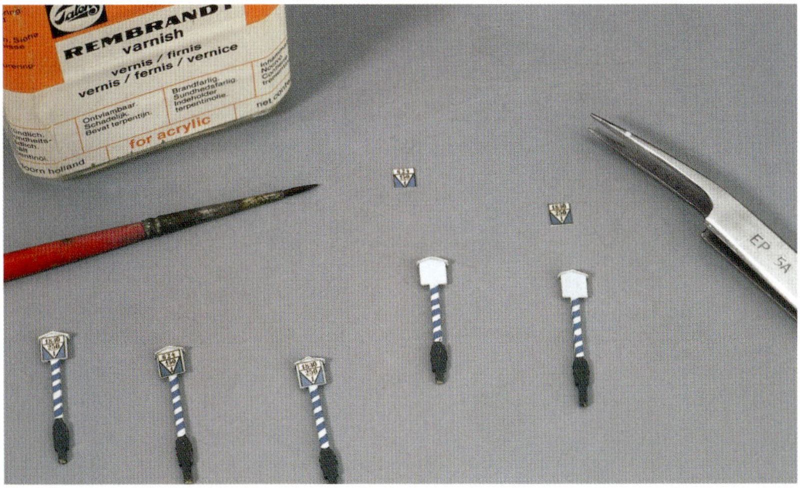

Die ausgeschnittenen Schilder werden mit etwas Klarlack aufgeklebt.

Das wird benötigt

Werkzeuge	Airbrush, Locheisen, Pinsel, Schere, Skalpell, Stift, Stahllineal
Material	Satz „Bayerische Signaltafeln“ von Reitz Modellbau Kunststoffkleber, Klarlack, Farben
Schwierigkeit	1 (einfach)
Zeitbedarf	1 Tag
Besonderheiten	Runde Schilder mit Locheisen ausschlagen

schon ganz durchgetrocknet, besteht die Gefahr, dass es zu Abplatzungen kommt. Peinliche Sorgfalt beim Abkleben ist die wichtigste Voraussetzung dafür, dass das typische bayerische, blauweiß gestreifte Farbkleid der Pfosten für die Neigungsanzeiger gelingt. Zuletzt erhält der abgeschrägte obere Wetterschutz und der Mastfuß eine Bemalung mit Drillich – 72 von Humbrol, um die Teerpappe sowie die Imprägnierung des Originals zu imitieren. Das eigentliche Signalbild wird mit etwas Klarlack auf die Tafel angeklebt und so gleichzeitig mit einer Schutzschicht versehen. Schon kann der bayerische Neigungsanzeiger an die Bahnmeisterei ausgehändigt werden.

Die Haltscheibe zeigt der Kö 1 von Brawa die Grenze an (großes Foto).

Bald erreicht der Triebwagen, ein Modell von Günther, den durch die Tafel angekündigten Langsamfahrbereich.

Aus der Vogelperspektive: die bayerische C VI, ein Modell von Fuchs, an der Wasserzapfsäule

Antike Wassertankstelle

Lokomotiv-Wasserkran aus der Gründerzeit als Weißmetallbausatz

Unter Nummer 1108 führt die Augsburger Firma Haberl und Partner einen interessanten Wasserkran aus längst vergangenen Zeiten in ihrem Programm, bei dem besonders die Imitation eines Lederschlauchs am Ausguss aus dem sonst üblichen Rahmen fällt. Wasserkräne des Vorbilds waren in Westdeutschland bis weit in die Siebzigerjahre hinein, in der DDR sogar bis Anfang der Achtzigerjahre, in Bahnhöfen und Betriebswerken mit Dampfbetrieb aufgestellt. Auch auf der Modellbahnanlage findet man für die formschönen Wasserkräne fast überall noch ein Plätzchen, ob an den Behandlungsanlagen eines Bahnbetriebswerks, an einem kleinen Lokschuppen oder am Ende der Bahnsteige.

Der Bausatz

Sämtliche Teile, die der Bausatz enthält, sind in Weißmetall-Gusstechnik hergestellt, nur das feine Kettchen und die Wasserrohrzugstange sind aus Messingdraht gefertigt. Der Lederschlauch entsteht durch Zusammenrollen eines kleinen Stoffteils. Alle Teile sind ordentlich gegossen, und nur einige wenige „Schwimmhäute" vom Gussvorgang müssen mit feinen Sand- oder Schlüsselfeilen glatt gefeilt werden. Eine ausführliche Bauanleitung mit einer gut durchschaubaren Explosionszeichnung liegt dem Bausatz bei.

Zusammenbau

Begonnen wird damit, die Aufnahmebohrungen für das Steigrohr und den Ausleger mit einem Spiralbohrer von 3,2 bzw. 1,6 mm etwas nachzubohren. Nach dem Ausbohren müssen sich die Passstifte von Sockel und Ausleger ohne großen Widerstand in die Aufnahmebohrungen des Steigrohrs einschieben lassen. Ist dies der Fall, kann man den Sockel, das Steigrohr und den Ausleger mit etwas Sekundenkleber miteinander verkleben.

Mit demselben Klebstoff fixiert man dann auch das Handrad am Absperrventil, um anschließend das komplette Absperrventil samt Wasserzuflussrohr am Steigrohr zu befestigen.

Lederschlauch

Die Nachbildung des Lederschlauchs wird aus Stoff gerollt. Bevor man mit dem Aufrollen anfängt, muss das Stoffteil zunächst mit der Schere genau rechteckig zugeschnitten werden, damit es sich während des Aufrollens nicht verzieht. Danach wickelt man das Stoffteil um einen Spiralbohrer von 1,8 mm Durchmesser. Seine Festigkeit erhält der so geformte Schlauch

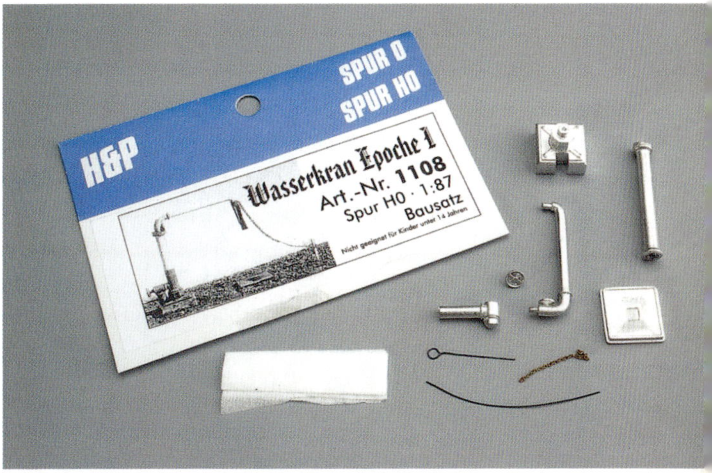

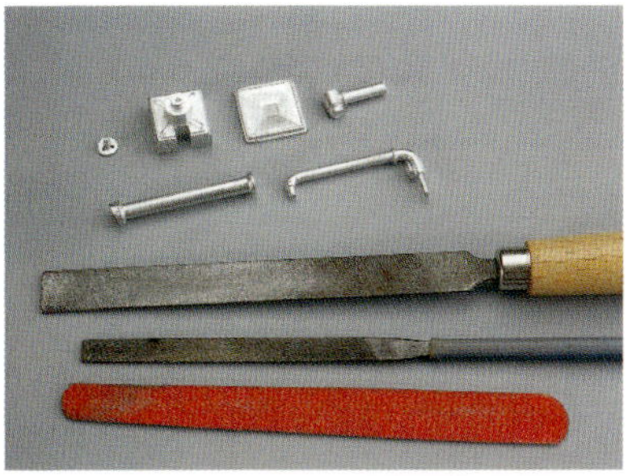

Der Bausatz enthält nur wenige Teile.

Schwimmhäute und Grate werden mit kleinen Feilen entfernt.

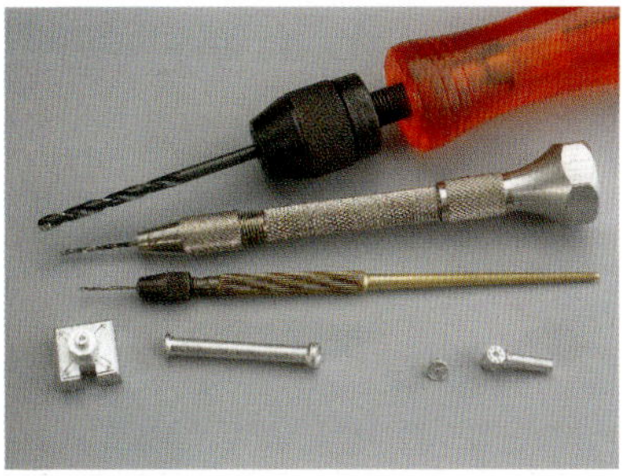

Die vorhandenen Bohrungen müssen ein wenig nachbearbeitet werden.

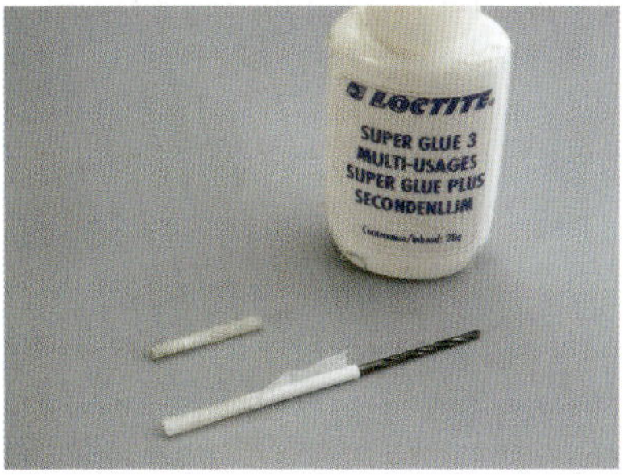

Sobald das aufgerollte Stoffteil mit Sekundenkleber durchtränkt ist, wird der Bohrer auf und ab bewegt.

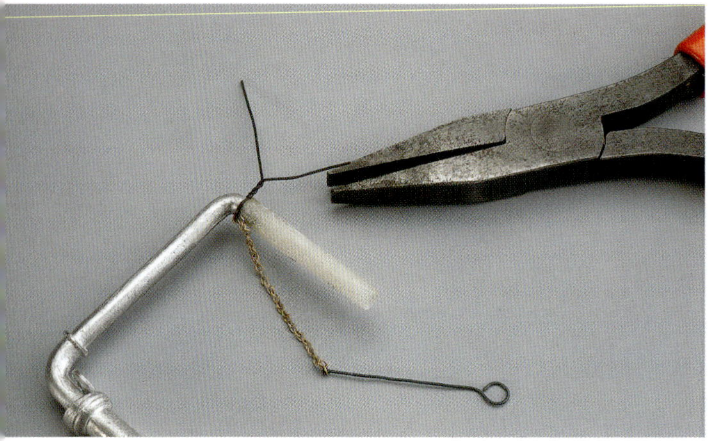

Das Ende der Kette befestigt man mit verdrilltem Messingdraht (0,2 mm Durchmesser) am Wasserauslauf.

Der fertige, aber noch unlackierte Wasserkran (oben)

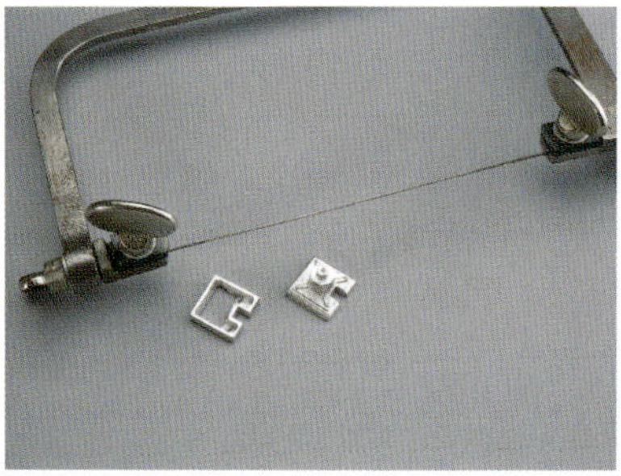

Der Sockel kann mit einer Säge leicht gekürzt werden.

durch Aufträufeln von reichlich Sekundenkleber. Sofort wird dann der Bohrer ständig etwas auf und ab bewegt, damit er nicht am Schlauchinneren festklebt. Nach dem Aushärten wird der Schlauch auf 20 mm Länge eingekürzt und am Ausleger angeklebt. Im Anschluss daran nimmt man sich die Zugstange vor und befestigt sie an einem Kettenende.

Am anderen Ende wird ein nur 0,2 mm starkes Messingdrahtstück durch das letzte Kettenglied gezogen, um danach die beiden Drahtenden um den Schlauchansatz am Auslauf zu wickeln und dort zu verdrillen. Diese beiden Drahtverbindungen fixiert man ebenfalls mit etwas Sekundenkleber.

Farbgebung

Vor der Farbbehandlung sollte man den Wasserkran mit einem weichen Pinsel und etwas Alkohol

Das wird benötigt

Werkzeuge	Airbrush, Flachzange, div. Feilen, div. Bohrer, Bohrhalter, Pinsel, Juweliersägebogen
Material	Wasserkran # 1108 von H&P, Farben, Grundierung, Sekundenkleber, Grünzeug
Schwierigkeit	2 (nicht zu kompliziert)
Zeitbedarf	2 Tage
Besonderheiten	Durch Sockelanpassung in Höhe leicht zu variieren

reinigen. Eine anschließende Grundierung ist nicht unbedingt erforderlich. Seine vorbildgetreue Farbgebung erhält der Wasserkran, indem man ihn mit der Spritzpistole dunkelgrau lackiert. Nachträglich wird das Handrad rot, das Fundament sowie der Deckstein vom Wasserabfluss betonfarben und der Gully rostig-schwarz angemalt. Eine interessante Alternative besteht darin, das Fundament und den Deckstein als Ziegelmauerwerk darzustellen.

Möglichst authentische Betriebsspuren erhält der Kran durch Auftragen einiger Kalk-, Rost- und Wasserflecken.

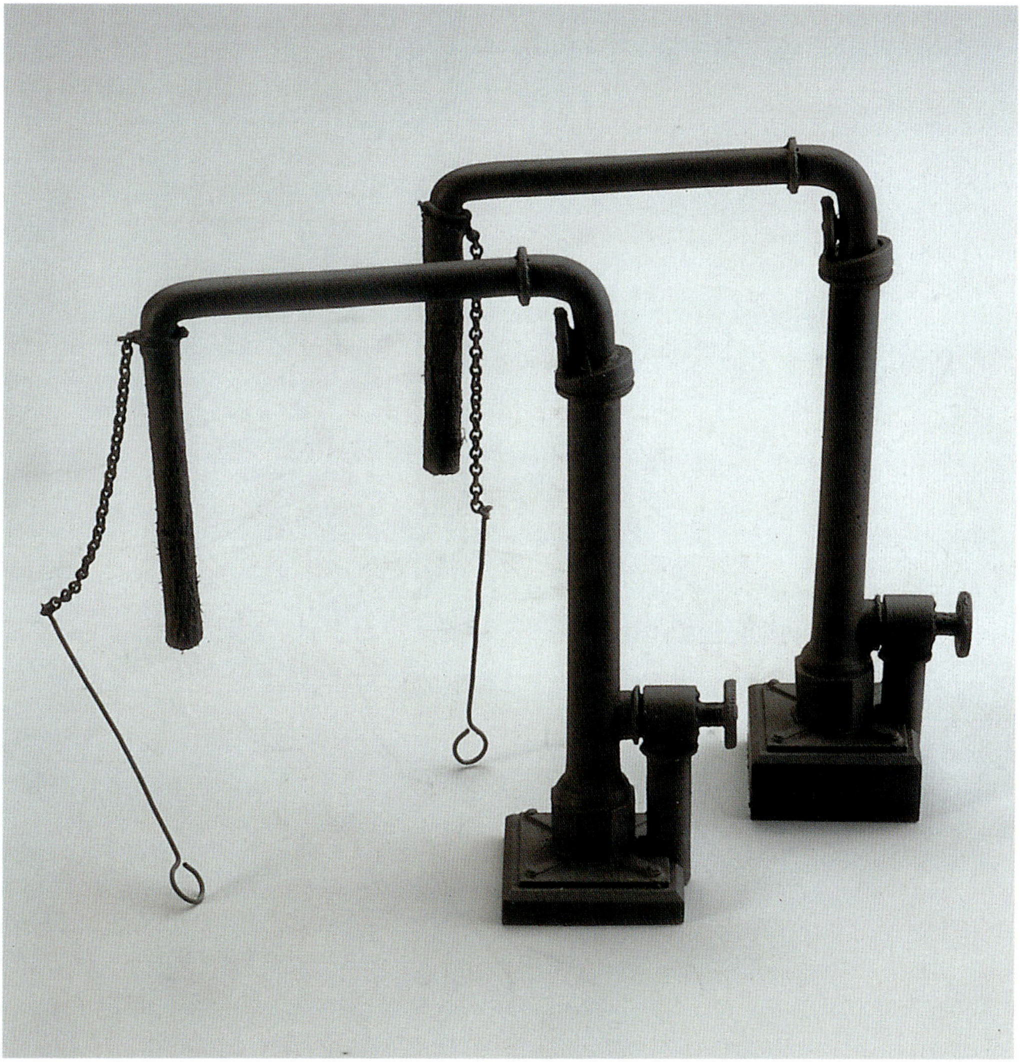

Die so entstandene Höhendifferenz ist bei den hier mit grauer Farbe lackierten Wasserkränen recht deutlich zu erkennen.

Das Aufpinseln verdünnter Rostfarbe verleiht der „Wasserstelle" die Spuren vieler Betriebsjahre.

Splitt kaschiert die beim Einbau entstandenen Risse und Spalten.

Verdünnter Holzleim fixiert den Splitt ausreichend (rechts). Einige Grasbüschel gehören ebenso zum Umfeld (unten).

Standort

Wasserkräne sind in Bahnbetriebswerken und kleinen Lokstationen sowie in Personen- und Güterbahnhöfen anzutreffen, also überall dort, wo Lokomotiven mit frischem Wasser versorgt werden müssen. Ein nicht allzu oft gewählter Standort für Modell-Wasserkräne ist der Bahnsteigbereich. Die betrieblichen Anforderungen zeigen dann, ob z. B. auch Umfahrgleise ausgerüstet werden müssen.

Installation

Nach der zunächst provisorischen Aufstellung kann sich eine unterschiedliche Auslegerhöhe ergeben, wenn die Wasserkräne sowohl auf Bahnsteigen als auch neben Ausweichgleisen auf Gleisniveau stehen. Einfache Abhilfe kann hier das Absägen des Fundaments vom Bahnsteigwasserkran um 3,5 mm schaffen. Nun ist die Höhe beider Ausleger gleich, und man kann die Wasserkräne, das Steigrohr exakt senkrecht ausgerichtet, in das Gleisumfeld einbetten. Schließlich wird der Deckstein genau unter der Mitte des Auslegers montiert. Der Pfosten, in den die Zugstange eingehängt wird, erhält etwas seitlich vom Ausleger festen Halt. Ein wenig Alleskleber reicht hier völlig aus, um alles dauerhaft zu verkleben. Sobald der Kleber gut haftet, können eventuell entstandene Spalten zwischen Fundament und Erdreich mit etwas Splitt kaschiert und mit wenig Schotterkleber fixiert werden. Kleine Grasbüschel, vereinzelt im Umfeld platziert, erhöhen als Farbtupfer den optischen Reiz des Wasserkrans.

Das Preiser-Bw-Personal erwartet die nächste Dampflokomotive.

Einige der antiken Wasserstellen waren bis zur Epoche III im Dienst.

Bayerische Länderbahngleise

NEM-Radsätze fahren auf niedrigen Schienen

Gleise und Weichen ausschließlich nach bayerischen Normalien selbst bauen – leicht gesagt! Aber wo und wie bekommt man geeignetes Material für eine solch vorbildhafte und gewagte Modellumsetzung? Vorbildunterlagen finden sich nur noch in privaten oder öffentlichen Eisenbahnarchiven. Zunächst muss es also gelingen, Originalunterlagen zu erwerben, einzusehen oder zu kopieren, um sich ein typisches Gleisbild aus der Zeit der Jahrhundertwende erstellen zu können. Für das hier vorgestellte und im Bau befindliche Modell-Bw Rothenmarkt dienten z. B. Originalzeichnungen bayerischer Gleise und Weichen als Vorlage.

Schwellen und Profile

Die Gleise sollen gemäß den bayerischen Oberbaubestimmungen in zweierlei Versionen verlegt werden: Abstell-, Bekohlungs-, Entschlackungs- und Schuppengleise mit einem Schwellenabstand von exakt 709 mm des Vorbilds, alle übrigen Gleise mit einem Abstand von 900 mm. Die Maße der bayerischen Holzschwellen können für

Schön zu sehen ist die typische Rostfarbe, die mit Airbrush erreicht wurde.

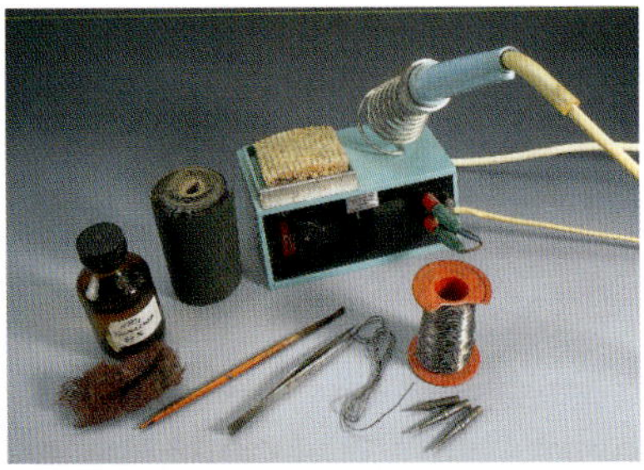

Mit einfachen Werkzeugen lassen sich Gleise im Lötverfahren verlegen.

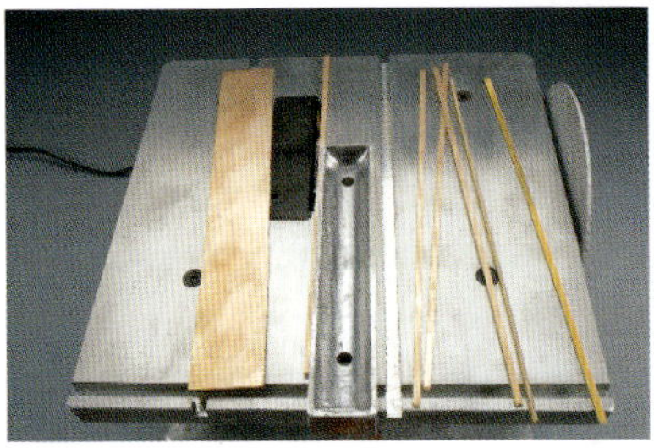

Mit einer Tischkreissäge ist das Zersägen von mit Kupfer beschichteten Platten ein Kinderspiel.

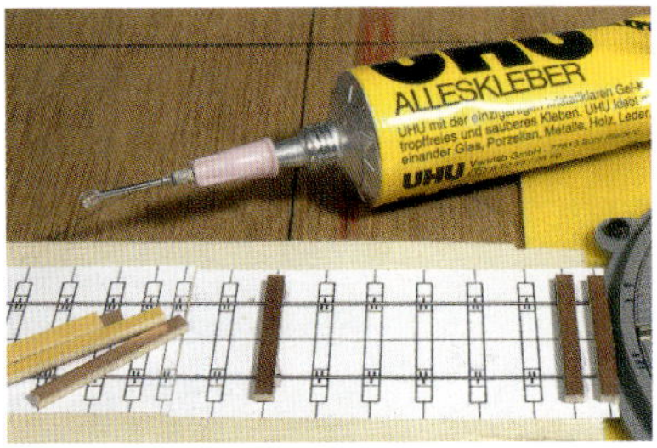

Die mit Kupfer beschichteten Schwellen werden mit Alleskleber auf den Papierschablonen fixiert.

Weißleim dient zur Befestigung der Holzschwellen.

Mit einem Schleifklotz werden die Schwellen plangeschliffen.

beide Schwellenabstände gleich ausfallen: 2.400 x 230 x 150 mm Vorbildmaß ergeben in H0 27,5 x 2,64 x 1,72 mm. Die Modellschwellen entstanden aus Holzleisten mit einem Querschnittmaß von 2,4 x 1,6 mm. Damit fallen die Schwellen jedoch geringfügig schmaler aus als das Vorbild. Wer will, kann sie auch aus einer Holzplatte von 1,7 bis 1,8 mm Stärke aussägen, was allerdings viel Arbeit beschert.

Da die niedrigen Code-55-Schienenprofile angelötet werden, bestehen einige Schwellen aus kupferkaschiertem Pertinax, die wie die Holzschwellen abgelängt werden. Die Kupferschicht muss zur Vermeidung von Kurzschlüssen mittig mit einer kleinen Feile, feinem Schmirgelpapier oder mit einem Bohrzwerg aufgetrennt werden. Wer es ganz genau nimmt, kann den kleinen Spalt anschließend verspachteln. Die hier beschriebenen Pertinax-Platinen der Größe 200 x 300 mm sind bei Elektronikversendern erhältlich.

Für die vielen Sägearbeiten ist eine kleine Kreissäge das ideale Werkzeug. Die Höhe des Schienenprofils beträgt beim Vorbild 140 mm; im Maßstab H0 ergeben sich daraus 1,60 mm. Das Code-55-Profil weist jedoch eine Höhe von 1,4 mm auf und ist damit eigentlich zu niedrig. Code 70 wäre dagegen mit 1,8 mm um 0,2 mm zu hoch. Da beide Versionen einen Kompromiss darstellen, ist aus rein optischen Gründen beim Bau der Bw-Anlage auf die niedrigere Schiene zurückgegriffen worden. Da aufgrund der Bautechnik zudem auf Kleineisen verzichtet wird, steht trotz des fla-

Holzbeize auf Wasserbasis färbt die Holzschwellen sehr naturgetreu.

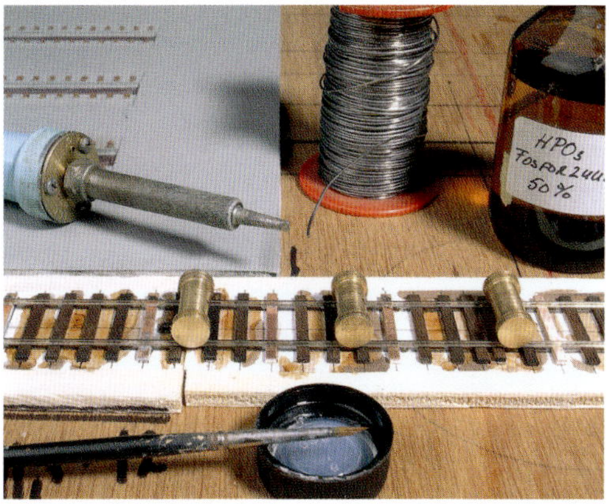

Erst nachdem die Profile mit Gleislehren ausgerichtet sind, dürfen sie festgelötet werden.

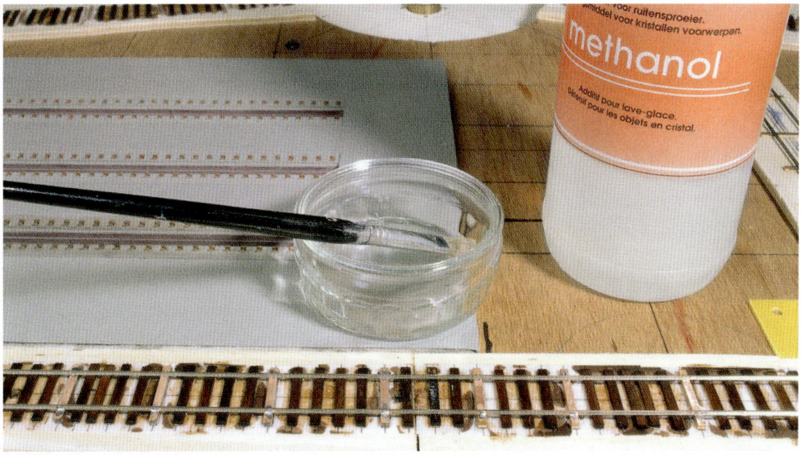

Sofort nach dem Verlöten müssen die Lötstellen mit Alkohol – lauwarmes Wasser und Seife tun es genauso – gereinigt werden.

Mithilfe von Airbrush erhalten die Schienen ihre typische Rostfarbe.

chen Profils einem Einsatz von NEM-Radsätzen mit einer Spurkranzhöhe von 1 mm nichts im Weg. Schienenprofile und geeignetes Holz zur Schwellenherstellung gibt es bei „Hobby-Ecke Schuhmacher".

Gleisverlegung

Nachdem ein Gleisplan erstellt ist, zeichnet man einzelne Gleisabschnitte im Maßstab 1:87 auf Papierschablonen; die Originalunterlagen dienen dabei als Vorlage in Bezug auf Radien und Schwellenabstände. Die kopierten Schablonen können dann 1:1 auf die Trassenplatte, ein 6 mm starkes Sperrholzbrett, übertragen und mit wasserfestem Leim fixiert werden. Nun kann man die Pertinax-Schwellen mit einem Universal- und die Holzschwellen mit einem Holzkleber auf den Schablonen befestigen. Als Faustregel gilt: Im Bogenlauf sollte jede vierte, bei geradem Gleis jede sechste Schwelle aus kupferkaschiertem Pertinax bestehen. Nach dem Abbinden des Klebers werden größere Schwellenbereiche mit einen Schleifklotz plangeschliffen.

Sieben bewirkt eine gleichmäßige Körnung (ganz oben). Das Schotterbett wird zuerst mit einem Netzmittel benetzt (oben).

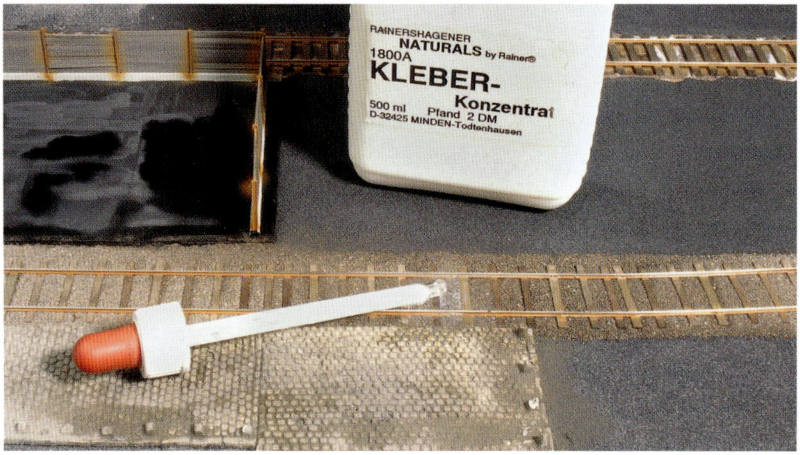

Der Kleber lässt sich mit einer Pipette mühelos aufträufeln.

Als nächster Schritt werden die Profile mit Spurlehren provisorisch fixiert und so ausgerichtet, dass die Schwellen zu beiden Außenseiten gleich überstehen. Dann kann man sie mit etwas Lot auf den kupferbeschichteten Schwellen befestigen.

Die Lötstellen werden nachträglich mit wenig Alkohol und einer ausgedienten Zahnbürste gereinigt, um mögliche aggressive Rückstände zu beseitigen.

Schotter

Gleisschotter kommt in zwei unterschiedlichen Körnungen und zwei Alterungsstufen zur Anwendung: Sämtliche Gleise erhalten eine 1:1-Mischung aus leicht und stark gealtertem Schotter bei 900 mm Schwellenabstand mit 0,5-mm-Körnung, bei allen anderen mit 1,0 mm großem Korn.

Das Schotterbett wird abschließend mit einem Netzmittel, das die Oberflächenspannung des Wassers aufhebt, benetzt und mit Kleber fixiert. Im Fotobedarf ist dazu für etwa 2,50 Euro ein ausgezeichnetes Netzmittel-Konzentrat erhältlich, aus dem sich rund 50 Liter gebrauchsfertiger Fließverbesserer mischen lassen.

Farbgestaltung

Die Schwellen werden mit dunkelbrauner/schwarzer Beize koloriert, danach erhalten die Profile eine Schicht „Rostfarbe" mithilfe der Airbrush-Technik. Die nähere Umgebung und bereits gestaltete Anlagenteile deckt man vorsichtshalber mit dünner Pappe ab. Zusätzlich kommen Puderfarben wie Flugrost, Öl und Bw-Schmutz zum Einsatz.

Das wird benötigt

Werkzeuge	Airbrush, Feilen, Lötkolben, Pinzette, Pinsel, Pipette, Tischkreissäge
Material	Code 70 Gleisprofil, Holz- und Pertinaxschwellen, Schotter, Schotterkleber, Universalkleber, Rostfarbe, Entfetter
Schwierigkeit	3 (Vorerfahrung nötig)
Zeitbedarf	2 Tage
Besonderheiten	Maßstäbliche Gleise und Weichen nach bayerischen Normalien. Tischkreissäge unbedingt notwendig

Stromeinspeisung

Jeder Gleisabschnitt wird einzeln mit Fahrspannung versorgt. Hierzu wird ein dünner Draht unter dem Schienenfuß angelötet. Beim endgültigen Verlegen der Gleise führt man ihn schließlich durch entsprechende Bohrungen unter die Grundplatte.

Als letzter Feinschliff wird das Gleis mit Puderfarben eingefärbt.

Der ex-preußische Plattformwagen, ein Modell von Fleischmann, steht zur Entladung bereit.

Kleiner Überladekran

Ladekran mit hölzernem Gerüst

Einsatzmöglichkeiten für kleine Kräne bieten sich an allen möglichen Stellen, z. B. in der Industrie, im Bw, aber auch an kleinen Lagerstätten. Auf der Suche nach entsprechenden Modellen wird man bei Bavaria fündig: In diesem Sortiment wird ein kleiner Überladekran auf einer hölzernen Unterkonstruktion als Bausatz angeboten. Sämtliche Teile, gleich ob aus Messing oder Weißmetall gefertigt, zeigen saubere Konturen, geringe Gratbildung und eine gute Detaillierung.

Das wird benötigt

Werkzeuge	Airbrush, Feilen, Lötkolben, div. Bohrer, Bohrhalter, Pinsel, div. Zangen
Material	Bausatz Überladekran von Bavaria Farben, Grundierung, Sekundenkleber
Schwierigkeit	3 (Vorerfahrung nötig)
Zeitbedarf	2 Tage
Besonderheiten	Überladekran auf hölzernem Gestell des vorigen Jahrhunderts

Bockgestell

Zunächst sind vier 0,6-mm-Aufnahmen für die Sprengwerkshalter in die Brückenbalken zu bohren. Bevor dann Böcke und Traversen zu einer Kranbrücke verklebt werden, sollte man die Teile trocken zusammenfügen, um die Passgenauigkeit zu überprüfen. Eventuell müssen nämlich die Traversen etwas zurechtgebogen und die Aufnahmelöcher für die Befestigungszapfen aufgebohrt werden. In einem der Böcke sind zwei 0,5-mm-Bohrungen für die Befestigungsstrebe der Aufstiegsleiter nicht zu vergessen; die Leiter wird hier später angeklebt. Passt alles, kann man das Krangerüst montieren.

An einer Seite beginnend, befestigt man beide Traversen mit Sekundenkleber rechtwinklig an einem Bockgestell. Ist der Kleber ausgehärtet, folgt das Sprengwerk aus 0,5 mm starkem, vorgebogenem Messingdraht und den vier Haltern.

Nun kann man das andere Bockgestell an die Mitteltraverse heften, jedoch nicht, ohne zuvor die beiden Zugstangen des Sprengwerks einzuführen. Nachdem das Bauwerk ausgerichtet ist, erhalten die Verbindungsstellen nochmals einen Kleberauftrag. Um das Krangestell exakt waagerecht auszurichten, kann es erforderlich sein, einige Lagerquader des Bockgestells etwas abzufeilen.

Kranplattform

Alle für die Kranplattform erforderlichen Ätzteile müssen vorsichtig mit einer Schere aus der Platine geschnitten und danach mit einer kleinen Feile versäubert werden. Anschließend biegt man die angeätzten Schienenstühlchen des oberen Plattformbodens behutsam mit einem Schraubendreher auf. Beide Schienenprofile werden eingeschoben, ausgerichtet und einzeln mit den Schienenstühlchen verlötet. Zuletzt werden schließlich die vier aufgebogenen Schienenenden als Prellbockersatz an die vier Enden

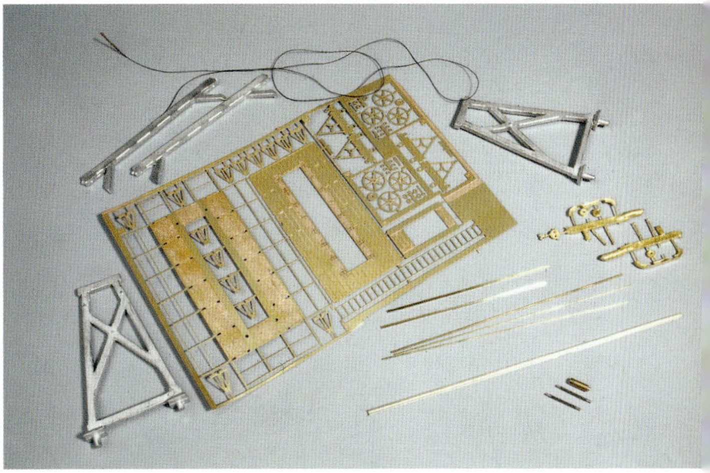

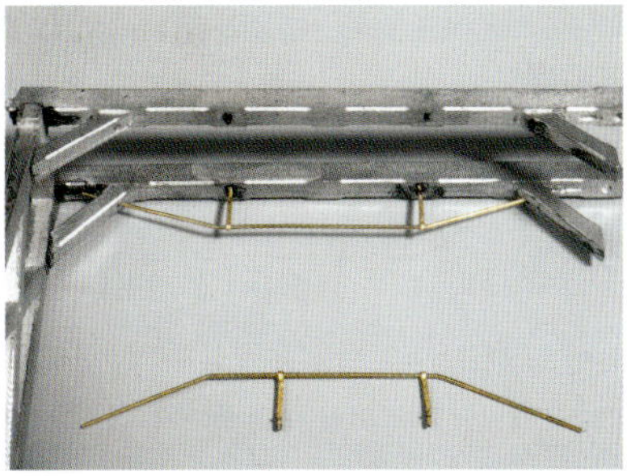

Der Bausatz besteht aus Ätz- und Gussteilen sowie Messingdraht (oben).

Das Sprengwerk wird vorab montiert und dann erst am Bock befestigt.

Das fertige Bockgestell weist im Vergleich zur Preiser-Figur schon eine beachtliche Höhe auf.

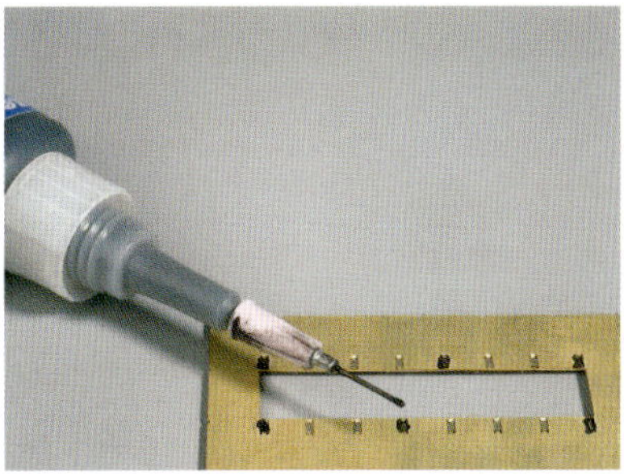

Die Laufschienen werden mit Sekundenkleber von der Unterseite her in den Schienenstühlchen verklebt.

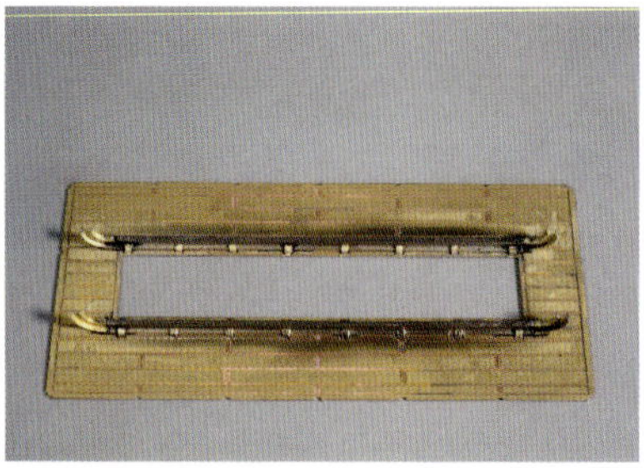

Die obere Hälfte der Kranplattform

Die 14 Konsolen lassen sich bestens in einem kleinen Schraubstock entlang der Kante zurechtbiegen.

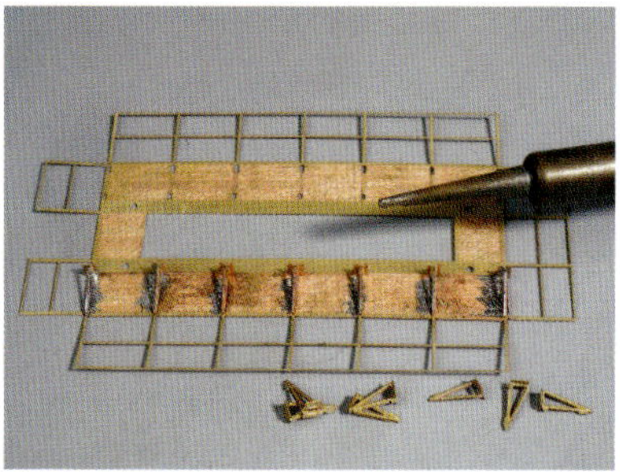

Mit einem Lötkolben werden die Konsolen angelötet (rechts). Krokodilklemmen pressen beide Plattformhälften zusammen (unten).

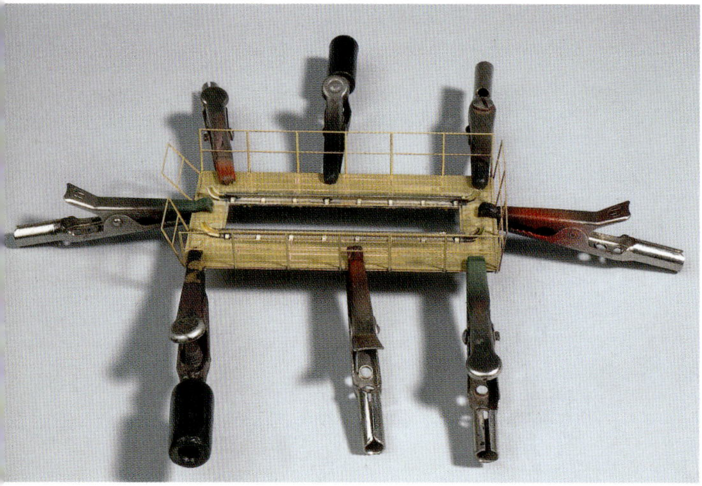

der Schienenprofile gelötet oder aber geklebt.

Der nächste Schritt ist dann das Anlöten der 14 Konsolen, die man vorher entlang der Biegekante zurechtgebogen hat, an das untere Bodenblech. Hiernach werden die fünf Geländerteile in einem Zug um 90° nach oben gebogen. Der Handlauf wird in passender Länge zugeschnitten und aufgelötet.

Die Leiter verstärkt man seitlich mit je einem angelöteten U-Profil. Dem Zusammenfügen beider Plattformböden steht nun nichts mehr im Wege.

Laufwagen

Die beiden Wangen des Laufwagen-Untergestells werden um 90° umgebogen, an den Stirnseiten wird ein U-Profil eingelötet. Auf dieselbe Art befestigt werden auch beide Seitenwangen am Laufwagen-Untergestell.

Nun kann der Zusammenbau der Zahnräder beginnen: Aus sechs Hälften entstehen drei Zahnräder durch paarweises Übereinanderlegen und Zusammenlöten. Es folgt der Einbau der zwei Laufräder. Auf eine der beiden Achsen muss zuvor das Antriebszahnrad für den Laufwagen geschoben und festgelötet werden. Auf dem Laufwagen installiert man nun insgesamt drei Getriebewellen mit den dazugehörenden Zahnrädern. Das Untersetzungsgetriebe zum Antrieb der Seilwinde setzt sich aus zwei Wellen mit je zwei Zwischenzahnrädern zusammen.

Der Zusammenbau der oberen Getriebewelle gestaltet sich wie folgt: Das kleine Zahnrad und die

Abstandsscheiben werden mit der Untersetzungswelle verlötet, und zwar so, dass die Welle 1 mm Seitenspiel zwischen den Wangen aufweist. Dann kann man das große Zahnrad außerhalb des Gestells festlöten. Damit ist die Untersetzungswelle fertig.

Einige Hilfsarbeiter sind schon an Ort und Stelle, um den Plattformwagen zu entladen.

Der fertig lackierte Bockkran wird zunächst probeweise aufgestellt, bevor er endgültig in die Anlage eingebaut wird.

Bockgestell, Kranplattform und Leiter zusammengestellt

Seiltrommel

Auf dem Absatz der Seiltrommel wird das große Zahnrad, an die andere Seite das Abschlussblech angelötet. Die komplette Seiltrommel schiebt man dann zwischen die Seitenwangen und sichert sie mit der Seiltrommelwelle und zwei Scheiben ohne allzu viel Seitenspiel. Zum Schluss wird noch das kleine Antriebszahnrad auf die Welle gelötet. Ebenfalls im Lötverfahren verbindet man noch die beiden Handkurbelhebel mit ihrem Handgriff und befestigt die Kurbeln – um 180° versetzt – beidseitig außen auf der Seiltrommelwelle.

Endmontage

Nach dem Grundieren aller Teile wird der Kranbock holzfarben, der Rest blaugrau gespritzt. Die Zahnkränze erhalten mit dem Pinsel Stahlblau. Danach wird durch die zuvor aufgebohrte Flasche des Kranhakens das Seil gefädelt. Ein Seilende hat seinen Festpunkt an der Traverse. Das andere wickelt man ein paarmal um die Seiltrommel, ordnet die Lagen nebeneinan-

Die Teile des Laufwagens: beide Seitenwangen und Fahrgestell

Zur Überprüfung sind alle Wellen mit Zahnrädern lose eingebaut. Nach Fertigstellung aller Wellen werden diese bündig mit den Rahmenwangen abgelängt.

der liegend an und sichert sie mit etwas Kleber. Die Aufstiegsleiter ist zum einen an der Plattformunterkante, zum anderen außerdem an einem Bügel befestigt, der bereits zuvor zurechtgebogen und in die vorhandenen Bohrungen eingeklebt worden war.

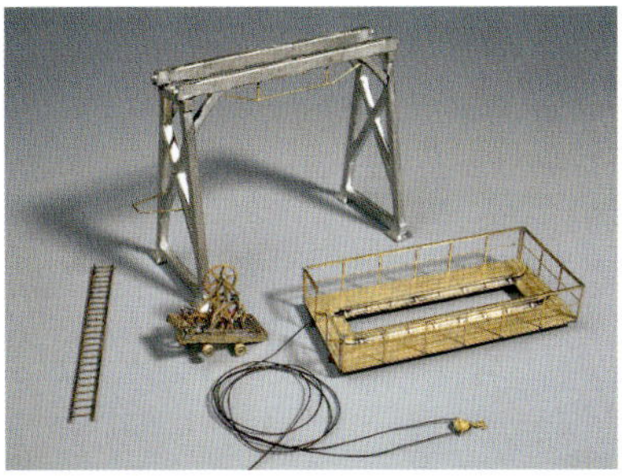

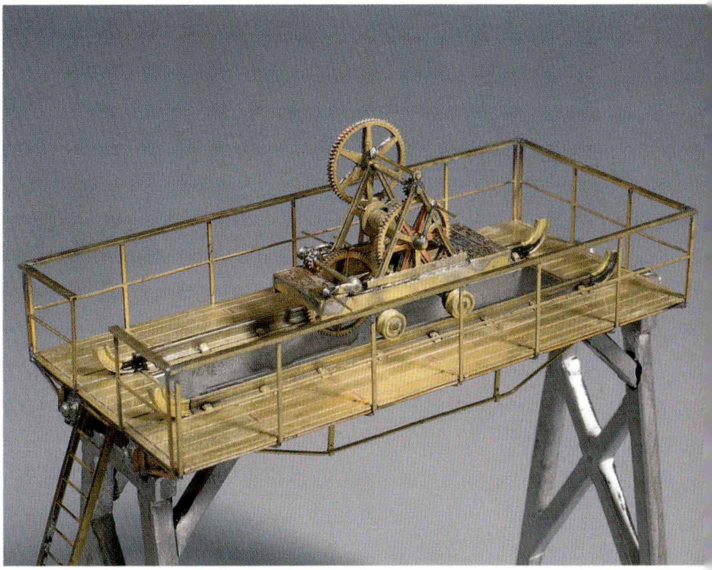

Die Baugruppen sind fertig und können lackiert werden (links oben).

Der fertige Laufwagen rollt probeweise auf der Plattform.

Probeaufstellung des Gerüsts (links)

Die Froschperspektive verleiht dem eher niedlichen Bockkran einen mächtigeren Eindruck.

Gesamteindruck des über drei Gleise hinwegführenden Bockkrans

Über drei Gleise hinweg

Gerüsterweiterung für eine Kranbrücke mit großer Spannweite

Für das bayerische Bw Rothenmarkt aus der Zeit um 1910 wurde ein Bockkran benötigt, der gleich drei Gleise überspannt und sich aus mehreren Bockkran-Bausätzen von Bavaria ohne allzu viele Abänderungen bauen lässt. Diese Kriterien waren Anlass, ein neues, verlängertes Krangerüst von etwa 190 mm Ausdehnung aus echtem Holz zu erstellen. Prinzipiell lassen sich die Kranböcke aus Weißmetall des Bavaria-Bausatzes weiterverwenden. Sie müssen dann aber im oberen Bereich erhöht werden, um die wegen der vergrößerten Spannweite höheren Quertraversen aufnehmen zu können. Nachdem die richtigen Maße festgelegt sind, entsteht eine Reinzeichnung. Kopien davon können dann auch als Bauschablone dienen.

Das wird benötigt

Werkzeuge	Airbrush, Feilen, Lötkolben, Flammlötgerät, div. Bohrer, Bohrhalter, Pinsel, Pinzette, div. Zangen, Bastelsäge
Material	Div. Holzprofile, Holzkleber, Beize und Farben, Sekundenkleber
Schwierigkeit	3 (Vorerfahrung nötig)
Zeitbedarf	2 Tage
Besonderheiten	Bockkran mit verlängertem Gerüst, kann bis zu drei Gleise überspannen

Kranböcke

Zuerst werden die untere Traverse und die beiden Ständerbalken anhand der Schablone ausgerichtet, exakt abgelängt und mit den richtigen Winkeln an den Übergängen der Konstruktionselemente versehen. Danach kann die obere Traverse auf gleiche Art und Weise mit den Ständerbalken verklebt und verschraubt werden. Nachdem der Holzkleber abgebunden hat, müssen nun zuerst alle Schraubköpfe bündig mit der Oberfläche der Holzbalken verschliffen werden. Danach längt man die Diagonalstreben ebenfalls anhand der Bauschablone exakt auf Maß und Winkligkeit ab und verklebt sie. Wenn beide Verstrebungen fertig sind, können sie wiederum in die Böcke eingeklebt werden. Dabei sollte man auf gleiche Zwischenabstände im Ständer achten. Die Auflagepunkte der Böcke – im Original aus massiven Quadersteinen – werden aus Polystyrolprofilen (5 x 5 x 2,5 mm) zurechtgesägt. Die oberen, später sichtbaren Kanten erhalten mit der Feile eine leichte Rundung. Zum Abschluss werden die Quader an den unteren Traverseneckpunkten befestigt.

Fachwerkkonstruktion

Bei einer Spannweite von 188 mm reicht ein einziger schwerer Holzbalken als Quertraverse für das neue Bockgestell nicht aus und muss deshalb durch eine Fachwerkkonstruktion ersetzt werden. Beide Fachwerkträger bestehen aus einem oberen und einem unteren Balken als Langträger. Versteift werden die Balken durch einen zwischengefügten Fachwerkverband. Für die Langträger kommen Vierkantprofile von 200 x 2,4 x 2,4 mm zur Anwendung. Die pro Fachwerk vorgesehenen zwölf Streben sind ebenfalls aus Vierkantprofilen zurechtgesägt. Die beiden Langträger werden korrekt parallel, mit einem Abstand von 20 mm zueinander (über die Außenkante gemessen) auf einer Kunststoffunterlage ausgerichtet und mit etwas Tesa-Krepp fixiert. Nach dem Zusammenkleben der Balken mit den Zwischenstreben lässt sich der komplette Fachwerkträger einfach

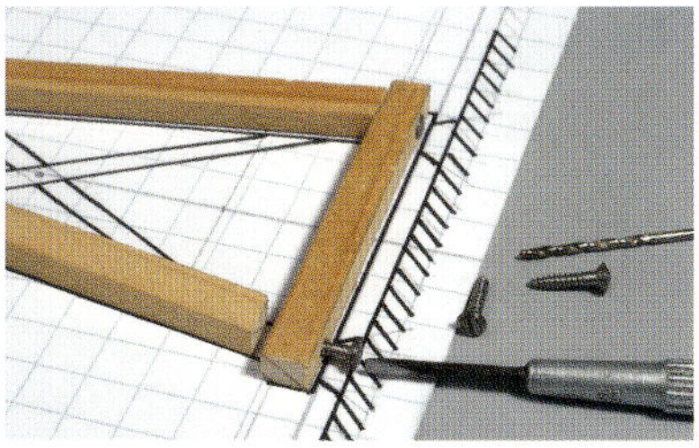

Die Kranböcke werden auf einer Schablone ausgerichtet und mit kleinen Holzschrauben von etwa 1,5 mm Durchmesser sowie Holzkleber zusammengebaut.

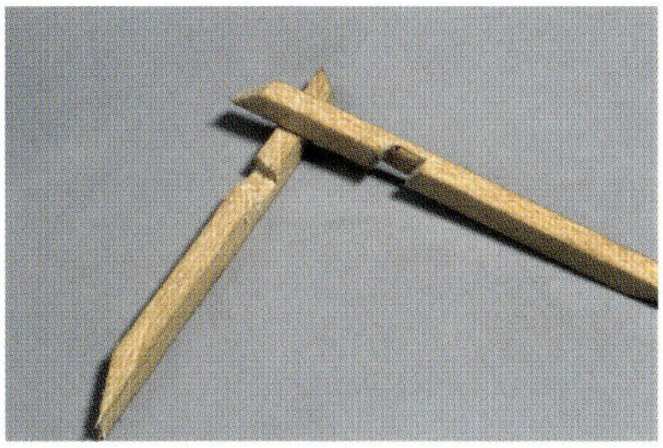

Die Diagonalstreben werden zu einer Kreuzverbindung zusammengebaut. Am Kreuzpunkt wird ein Schlitz ausgearbeitet.

Aus den einzelnen Teilen entstehen die Kranböcke, links ein bereits fertiggestellter Kranbock.

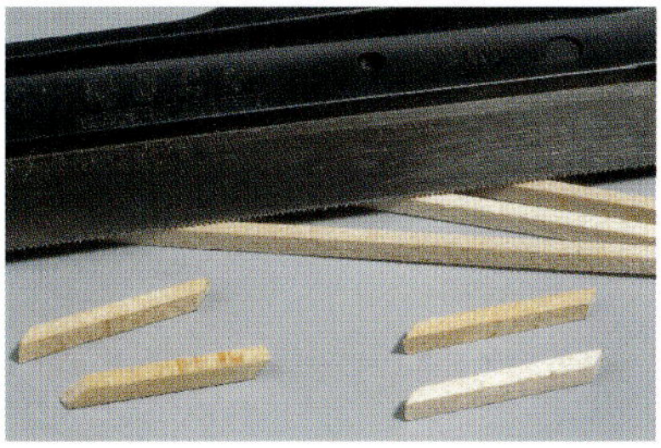

Alle Holzprofile lassen sich bestens mit einer kleinen Bastelsäge auf Maß schneiden.

von der Unterlage abschieben. Die Zwischenstreben werden dann so zwischen die Langträger geklebt, dass jeweils zwei mit dem unteren Langträger ein Dreieck bilden. Dabei müssen alle Zwischenstreben auf beiden Seiten exakt den gleichen Winkel aufweisen. Auf gleiche Weise montiert man dann die anderen Zwischenstreben, jeweils auf Stoß zur vorherigen, zwischen die Langträger. Zum Abschluss werden an den Außenseiten noch zwei senkrechte Streben – diese jedoch rechtwinklig zu den beiden Langträgern – eingeklebt.

Fachwerkkasten

Beide Fachwerkträger werden nun zu einem Fachwerkkasten zusammengefügt. Dazu richtet man beide Traversen hochkant in einem Abstand von 12 mm (Innenmaß) zueinander aus und fixiert sie. An den Kopfseiten beider Traversen werden zuerst an der Unterkante innen je zwei Vierkantprofile von 2 x 2 x 12 mm eingeklebt, und zwar dort, wo die senkrechten Streben angeordnet sind. Nun können die beiden Vierkantprofile an der Oberkante folgen. Zwei Kreuzverbindungen an beiden Stirnseiten aus 0,3-mm-Draht vervollständigen den Brückenkasten. Abschließend kann der Brückenträger mit beiden Böcken verbunden werden.

Kranplattform

Entsprechend der verlängerten Brückenkonstruktion muss auch die Kranplattform mit einer Länge von 188 mm erstellt werden. Hierzu sind insgesamt drei Original-Plattformen von Bavaria erforder-

Die Streben werden mit Holzkleber zwischen die Langträger geklebt.

Die fertigen Kranböcke und Langträger vor dem Zusammenbau

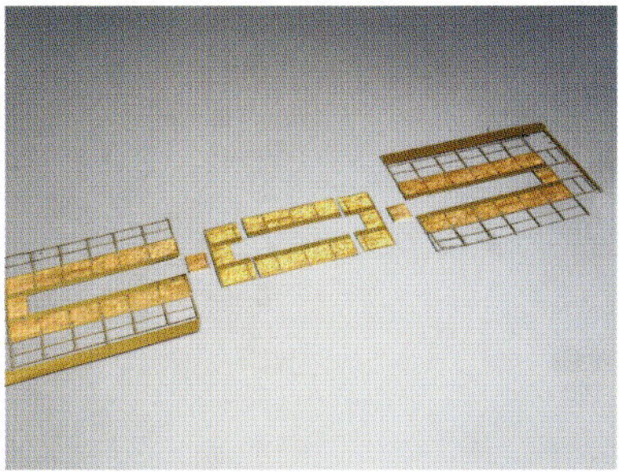

Aus den zersägten Originalplattformen entsteht die 190 mm lange, neue Kranbrücke.

Auf einem Keramikziegel werden die zersägten PLattformteile zusammengelötet.

Der im Bw aufgestellte Bockkran

lich. Sie werden wie folgt zersägt: Plattform 1 büßt die rechte Kopfseite ein, Plattform 2 beide und Plattform 3 die linke Kopfseite. Als nächster Schritt werden alle Schienenstühlchen aufgebogen und die beiden auf gleiches Längenmaß abgelängten Schienenprofile eingeschoben. Entlang einem Stahllineal ausgerichtet, fixieren die beiden Profile die drei Plattformteile. Nun kann man die Schienen mit den Stühlchen verlöten. Es folgen die aufgebogenen Schienenenden sowie die unteren Konsolen, die unter die Kranplattform gelötet werden.

Holzbohlenbelag

Als letzten Schliff erhält die Oberseite der Kranplattform einen richtigen Bohlenbelag aus 1,6 x 0,3 mm großen, zurechtgesägten Holzprofilen, welche mit etwas Holzkleber direkt auf die geätzte Bretterimitation geklebt werden. Sämtliche Metallteile erhalten einen blaugrauen Anstrich (z. B. RAL 7031), der mit der Spritzpistole aufgetragen wird. Abschließend werden dann sämtliche Holzteile gebeizt. Mit einem etwas größeren, weichen Pinsel ist dieser Arbeitsschritt schnell erledigt.

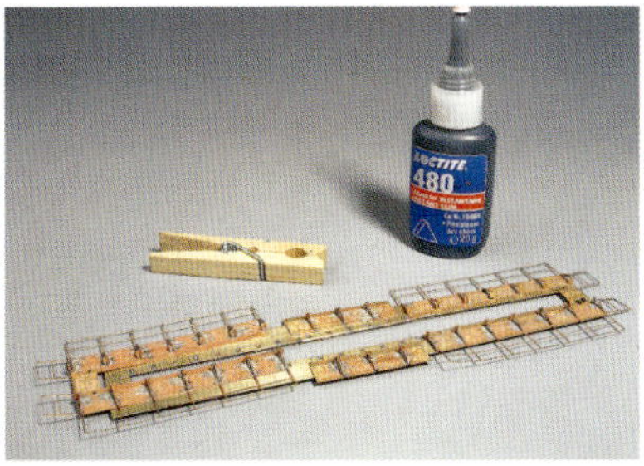

Nach dem Ausrichten werden die verklebten Plattformteile mit einer Wäscheklammer fixiert.

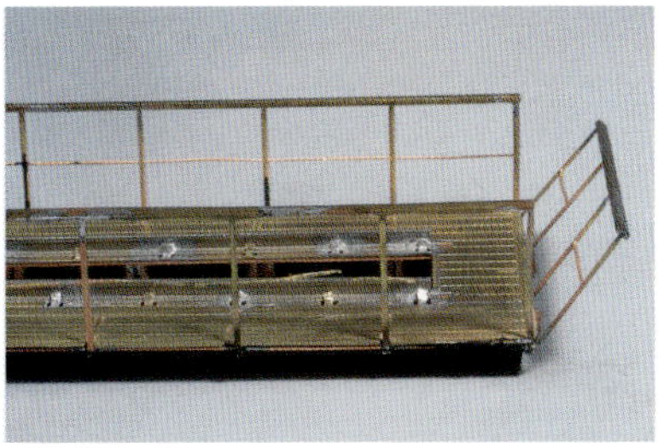

Auf die Oberkanten des Geländers wurden zur Verstärkung kleine Messing-U-Profile gelötet.

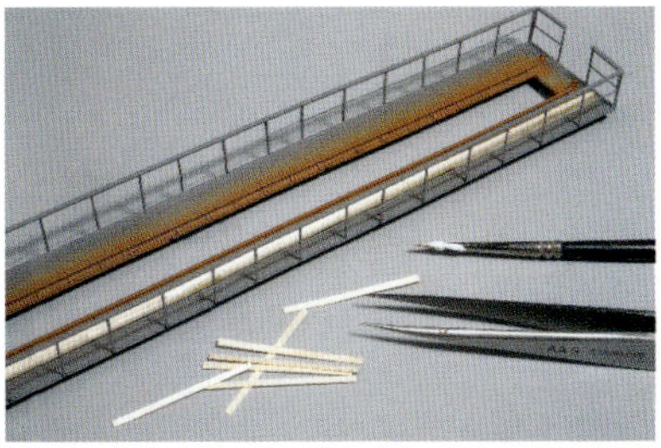

Feine Holzbrettchen, mit wenig Holzkleber aufgeklebt, bilden den Bodenbelag der Kranbrücke.

Mit Beize wird das ganze Bauwerk koloriert; Metallteile erhalten einen blaugrauen Anstrich.

Die Preiser-Figuren verdeutlichen die Abmessungen der fertigen Kranbrücke.

3 Gebäude

Stellwerk aus Karton

Überzeugende Alternative zum Kunststoffbausatz

Karton und Holz sind die meist traditionellen Baustoffe des Modellbaus. Richtig verarbeitet, sind Gebäude aus Karton und Holz mindestens ebenso stabil und haltbar wie Kunststoffmodelle. Sehr alte Architekturmodelle sind manchmal bis in die Gegenwart in perfektem Zustand erhalten geblieben. In den Fünfzigerjahren waren Kartonmodelle im Eisenbahnmodellbau weit verbreitet, in England und den USA sind sie es bis heute noch. In Deutschland verbindet die Saarbrückener Firma Casalux hervorragende Modellbaupraxis mit modernster Fertigungstechnik. Ein durch ein CAD-System gesteuerter Laserschneider bürgt für eine höchst präzise Teilefertigung und stellt somit die Verbindung dar zwischen den Vorteilen des traditionellen Materials und den Anforderungen an eine Detailgenauigkeit, die heute nur bei den Spitzenprodukten von Modellbausätzen erreicht werden kann.

Das wird benötigt

Werkzeuge	Radierklinge, Sandfeilen unterschiedlicher Körnung, div. Pinsel, Skalpell, kleiner Winkel, feiner Spachtel
Material	Bausatz Blockstelle „Kaub“ von Casalux, Acrylfarben, Sekundenkleber, Filzstift, Spachtelmasse
Schwierigkeit	2 (nicht zu kompliziert)
Zeitbedarf	2 Tage
Besonderheiten	Niedliche Blockstelle mit filigranem Geländer und Treppe, das wegen der Platzverhältnisse sogar zwischen die Gleise gestellt werden kann

Das hübsche Stellwerk lässt sich dank seiner eingeschränkten Dimensionen an fast jeder Stelle auf der Modellbahn aufstellen.

Der Bausatz enthält sämtliche Bauplatten aus 0,2 und 0,6 mm starkem Architekturkarton.

Mit einem Skalpell werden die Verbindungsstege der Bauteile durchgeschnitten und die Bauteile herausgelöst.

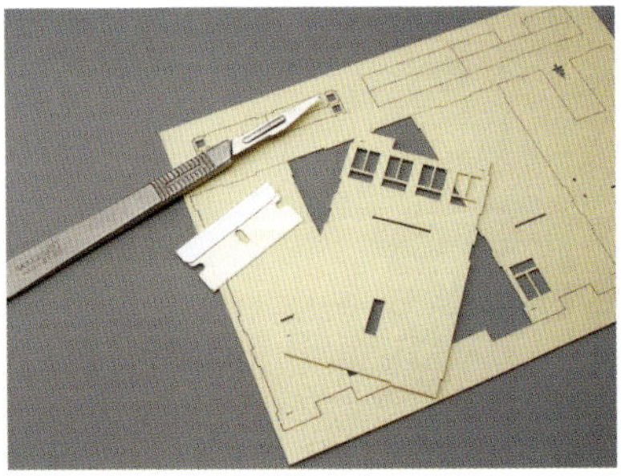

Feine Sandfeilen dienen dann zum Glattschleifen der Teilekanten (rechts). Winkel richten die Wandteile beim Zusammenkleben exakt rechtwinklig aus (unten).

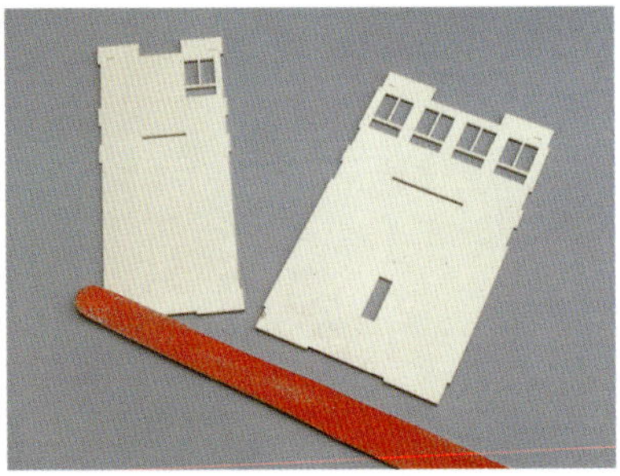

Blockstelle Kaub

Aus diesem Bausatz lässt sich eine Blockstelle mit einer Holzverkleidung der oberen Etage herstellen, wie sie seit den Zwanzigerjahren vielerorts anzutreffen ist. Das Casaluxmodell wurde inspiriert durch ein Vorbild bei Kaub am Rhein. Der Bausatz enthält zwei größere und zwei kleinere Bauplatten aus Architekturkarton von 0,2 und 0,6 mm Stärke, die werksseitig verschiedenfarbig lackiert sind. Die Eisenteile sind sehr präzise ausgeführt.

Die Holzverblendung des Stellwerks ist aus dünnem, in Lasertechnik geschnittenem Sperrholz hergestellt und wirkt nach entsprechender Alterung sehr authentisch. Das Dach wird einfach aufgesetzt und bleibt abnehmbar, sodass man auch nachträglich noch eine Beleuchtung oder eine Inneneinrichtung einbauen kann. Die untere Türe ist so ausgelegt, dass sie geöffnet dargestellt werden kann.

Werkzeuge

Zum Heraustrennen der Bauteile wird ein Skalpell benötigt. Feines Schleifpapier und kleine Sand- oder Nadelfeilen glätten eventuelle Grate und entfernen überschüssigen Klebstoff. Sandfeilen sind aus Karton hergestellt und können mit einem Bastelmesser oder einer Schere in jede gewünschte Form gebracht werden. Als Klebstoff eignet sich am besten ein dünnflüssiger Sekundenkleber. Man sollte ein Produkt mit sehr enger Kanüle wählen,

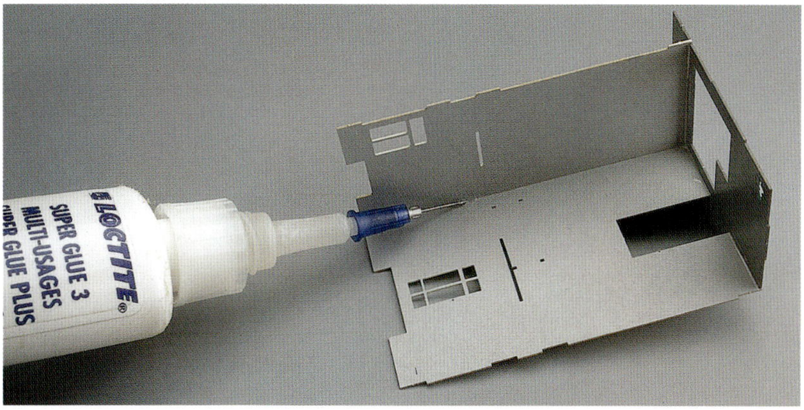

In die Naht gibt man von Innen nochmals etwas Kleber.

womit sich der Kleber peinlichst genau dosieren lässt. Auf diese Weise erspart man sich das lästige und mühsame Entfernen von Kleberesten.

Farbgebung

Alle zum Bemalen vorgesehenen Teile sind am zweckmäßigsten schon vor dem Heraustrennen mit einem ersten Anstrich mit wasserlöslicher Acrylfarbe zu versehen. Ein zweiter Farbauftrag folgt dann erst nach Fertigstellung des kompletten Gebäudes. Die authentische Wirkung kann durch einen feinen Auftrag mit schmutzig-grauer Lasurfarbe oder einem Finish mit Pulverfarben noch gesteigert werden.

Gründkörper

Die Seitenwände erhält man, indem die Verbindungsstege zwischen den Wandteilen und der Bauplatte mit dem Skalpell durchgeschnitten werden. Das sorgfältige Entfernen aller Stegreste und ein letzter Schliff mit feinem Schleifpapier darf nicht vergessen werden, denn sonst

Durch das Einkleben des Zwischenbodens erhält das Gebäude eine erstaunliche Stabilität.

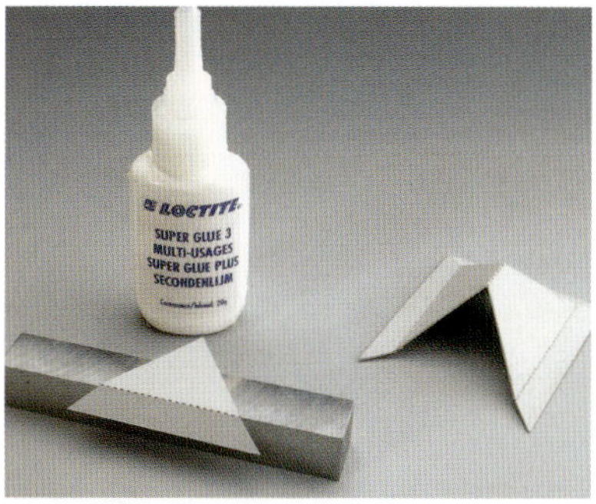

Die Dachkanten werden vorab über eine scharfe Kante vorgeknickt, z. B. ein geschliffenes Vierkanteisen.

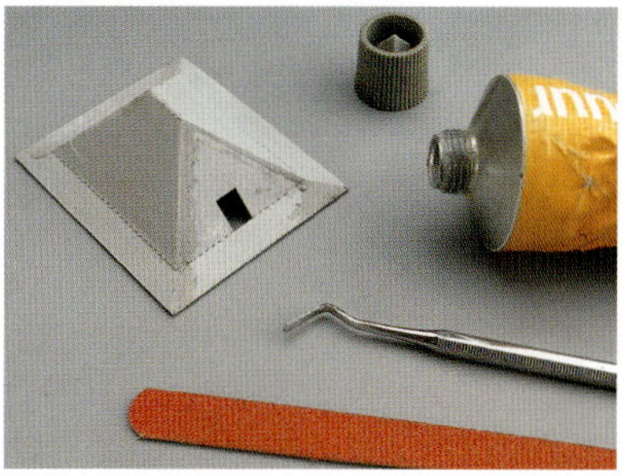

Risse und Spalten werden verspachtelt und geschliffen.

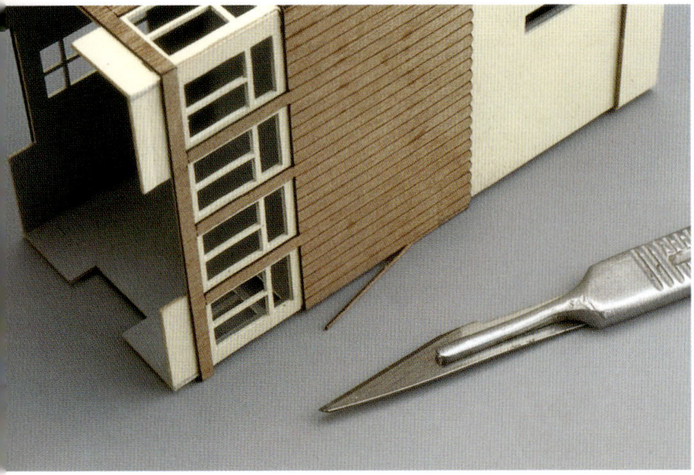

Den Überstand der Verschalung trennt man mit einem Skalpell ab (oben). Der Dachrand wird mit einem schwarzen Stift gefärbt (rechts).

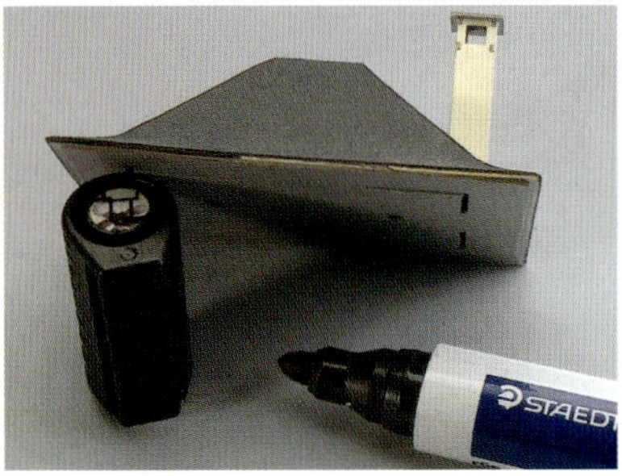

Die Bodenplatte wird betonfarben bemalt.

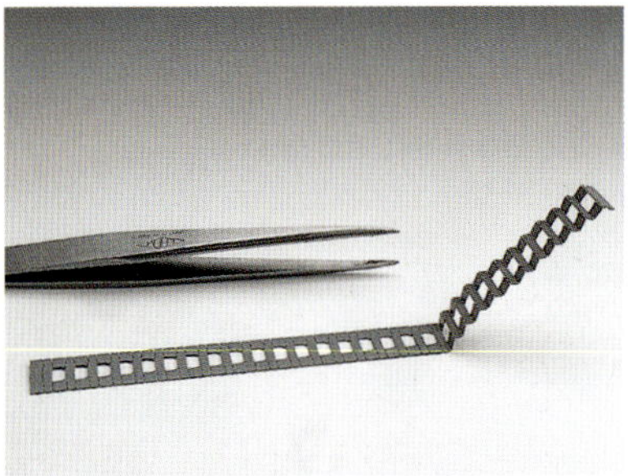

Die Treppe wird vorab wie einer Ziehharmonika gefaltet.

lassen sich die Wandteile nicht exakt aneinanderfügen.

Nun kann man die Wandteile auf die Grundplatte kleben, wobei auf die genaue Rechtwinkligkeit der Wände zu achten ist. Sobald zwei Wandteile zusammengefügt sind, wird der Zwischenboden vorsichtig in die Schlitze der Wände eingeklebt. Daraufhin montiert man die übrigen Wandteile, testet die genaue Rechtwinkligkeit durch probeweises Aufschieben der Dachplatte und schon ist der Grundkörper fertig. Wenn man in alle Klebenähte von innen nochmals Sekundenkleber einlaufen lässt, bekommt der Grundkörper eine erstaunliche Stabilität.

Die Tür und das Fenster hinterlegt man mit Acetatfolie und klebt sie jetzt oder nach dem Lackieren durch die Öffnung in der Bodenplatte an die Wände. Ein bisschen Weißleim verklebt die Holzverschalung ausreichend fest an den Wänden. Hierbei muss man beachten, dass die Oberkante der Holzteile unter der Dachplatte liegt und exakt über den kleinen Markierungen der Wandteile zu liegen kommt. Eventuelle Überstände werden vorsichtig mit einem Skalpell abgetrennt. Als Abschluss dieser Bauphase klebt man die Sockelteile und die Fensterbank an.

Dachaufbau

Der vorgeknickte Dachträger wird auf die Dachplatte geklebt, sobald diese in ihrer exakten Position auf dem Gebäude sitzt. Die abgeknickten Enden des Dachträgers liegen dabei bündig an den Innenseiten der Gebäude an, ohne mit diesen verklebt zu werden. Danach verklebt man die vorgeknickten Dachflächen bei nun abgenommener Dachplatte und die Außenseiten bündig mit der Platte. Zuletzt wird der Kamin zusammengebaut und im Dach befestigt. Das fertige Dach kann man entweder mit feinem Schleifpapier bekleben oder mit schwarzgrauer Acrylfarbe bemalen. Bei einer Dachlackierung müssen Spalten und Risse zuvor verspachtelt und beschliffen werden.

Das fertige Stellwerk von der Gleisseite betrachtet ...

Umlauf und Treppe

Der Umlauf wird aus zwei Konsolen sowie einer Bodenplatte mit zwei Längsträgern zusammengebaut und mit den Zapfen der Konsolen in die Wand geklebt. Dann knickt man die drei Gitter der Geländerbauplatte vorsichtig hoch und verklebt sie in den Ecken miteinander. Auf dieses schon sehr zerbrechliche Geländer müssen anschließend noch die Geländerverstärkungen passgenau aufgeklebt werden. Danach werden die Treppenstufen mit einer spitzen Zange äußerst vorsichtig umgeknickt, um dann auf die bereits hochgefalzten und mit Sekundenkleber stabilisierten Seitenwangen geklebt zu werden. Zum guten Schluss klebt man die Treppe an Umgang und Bodenplatte fest und ergänzt das Treppengeländer. Die Inbetriebnahme durch Preiser-Bedienstete kann nun stattfinden.

... und die Sicht auf die Zugangstreppe.

Der erhöhte Wasserturm ragt mächtig über das Bw hinaus.

Eine Etage aufgestockt

Blickfang im Bw

Als die alte Wasserstation aus den Ursprungszeiten des bayerischen Bahnbetriebwerks „Rothenmarkt“ ihren Aufgaben längst nicht mehr gewachsen war, musste über einen neuen größeren Wasserturm nachgedacht werden. Von allen industriellen Angeboten schien der Kibri-Wasserturm „Ottbergen“ am geeignetsten zu sein, obschon er nach persönlichem Geschmack geringfügige Mängel aufwies: Im Verhältnis zu den übrigen Gebäuden des Betriebwerks fiel er etwas zu niedrig aus. Auch waren im Gegensatz zu den bestehenden Bauwerken keine verputzten Mauerwerke vorhanden. Jedoch lässt sich der Turm durch Verdoppelung des Sockelaufsatzes auf sehr einfache Weise um ein Stockwerk erhöhen, und so entstand in Eigenarbeit ein leistungsfähiger Wasserspeicher aus der Zeit um 1910. Mit stattlichen 245 mm Höhe überragt das mächtige Bauwerk nun die gesamte Bw-Szene.

Der Wasserturm „Ottbergen“ gehört zu den eher niedrigen Vertretern der Bauart Intze. Neben dem grob zusammengesetzten Bausatz von Kibri das zweite Mittelteil, um das er erhöht wird.

Vorarbeiten

Zuerst werden an einem der beiden Aufsätze die Lagersteine (Stützen) für den Umlauf bündig zum Mauerwerk gefeilt. Vor Beginn der Spachtelarbeiten klebt man die herausragenden Mauerwerksteile an beiden Sockelaufsätzen mit etwas Klebeband ab und verschließt die Türöffnung des unteren Sockels mit einem dünnen Polystyrolrest.

Mauerwerksputz

Nun kann der Auftrag einer feinkörnigen Spachtelmasse, die eventuell mit etwas Wasser verdünnt wird, beginnen. Es empfiehlt sich, den Auftrag mit einem Pinsel durchzuführen, den man dabei öfters in frischem Wasser ausspült. Am nächsten Tag kann die aufgebrachte Putzschicht erst mit einem groben, dann mit einem feinen Schleifschwamm geschliffen werden. Die entstandene Fläche ist sehr glatt und besitzt eine besonders vorbildgerechte Wirkung, wenn sie an einigen Stellen etwas dünner aufgetragen oder sogar ganz ausgespart wird. Putzrückstände an Tür und Fensteröffnungen werden am besten mit einer kleinen Feile beseitigt. Sind diese Arbeiten erledigt, können beide Sockelaufsätze miteinander verklebt werden.

Farbbehandlung

Schaft und Sockel des Wasserturms wurden mit Acrylfarben bemalt. Sie können ohne Weiteres in allen Farbtönen nach eigenem Bedarf und Geschmack miteinander gemischt werden, und sie trocknen absolut matt auf. Außerdem sind sie, mit ageponhaltigem Wasser verdünnt, von einfacher Handhabung und guter Deckkraft, letztlich auch noch umweltfreundlich und gesundheitsverträglich. Agepon ist ein im Fotobedarf preisgünstiger er-

Der Auftrag der mit Wasser verdünnten Spachtelmasse erfolgt am besten mit einem mittelgroßen weichen Pinsel.

Nach etwa 24 Stunden Aushärtungszeit kann die Bearbeitung mit Schleifschwämmchen unterschiedlicher Körnung beginnen.

Probehalber zusammengesetzt, präsentiert sich der Turm mit neuem Mittelteil.

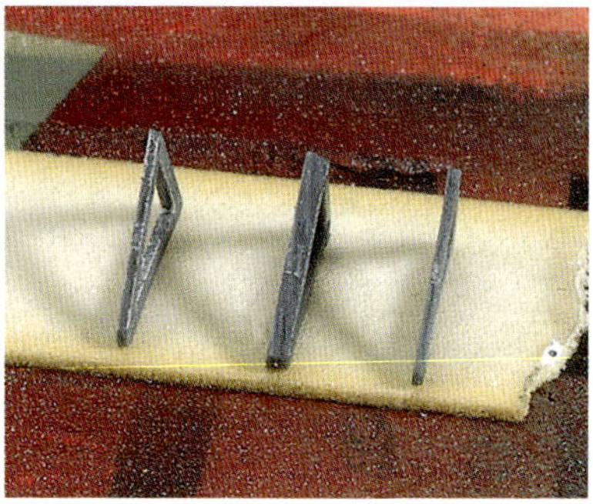

Befeilte Umlaufstützen neben dem Original-Bauteil in der Mitte

hältlicher Fleißverbesserer. Der Turmsockel und das erhabene Mauerwerk erhalten einen orangeroten, die verputzten Bereiche einen hellbeigen Anstrich. Nach dem Austrocknen können der Turmsockel und das neue Mittelteil miteinander verklebt werden.

Turmumlauf

Am recht grob wirkenden Umlauf entfernt man den erhabenen Geländerklebering mit einem kleinen Seitenschneider oder einem scharfen Messer und glättet die Schnittstellen mit einer Feile und etwas feinem Schmirgelleinen. Anschließend muss die Bretterimitation auf der Oberfläche mit einer Reißnadel bis zur Außenkante nachgezogen werden. Die Umlaufstützen sollte man mit einigen kleinen Feilen zierlicher gestalten. Es ist nicht ganz einfach, diese winzigen Teilchen zwischen den Fingern festzuhalten, deshalb kann man sie zum Befeilen auf einem Streifen doppelseitigen Klebebandes befestigen.

Dachleiter

Die Dachleiter wird gefühlvoll und vorsichtig an sämtlichen Streben und Sprossen mit einer kleinen Feile überarbeitet, damit sie filigraner aussieht. Abschließend erhält sie zusammen mit den befeilten Umlaufstützen, sämtlichen Fenster- und Türeinsätzen sowie dem Belüftungsaufsatz einen grünen Anstrich aus der Spritzpistole.

Wasserbehälter

Am stählernen Wasserbehälter mit dem zuvor angebrachten Regenwasserabfluß sind außer einer Neulackierung mit etwas wasserlöslicher Acrylfarbe (z. B. in Mittelgrau) keine weiteren Maßnahmen erforderlich. Nur die Nietenreihen werden nachträglich mit einem fast trockenen Pinsel rostfarben ausgelegt. Die Dächer von Wasserbehälter und Dachaufsatz erhalten einen grauschwarzen Anstrich, die Dachstreben werden wieder mit dem trockenen Pinsel in einem etwas helleren Grauton hervorgehoben. Wasserbehälter, Dach und Belüftungsaufsatz verklebt man miteinander zu einer Einheit, und auch die bereits lackierten Türen sowie die Fenster mit ihrer Verglasung werden analog der Bauanleitung befestigt. Nun erst dürfen Turmunterbau und Wasserbehälter miteinander verklebt werden. Letztes anzubringendes Bauteil ist schließlich die Dachleiter.

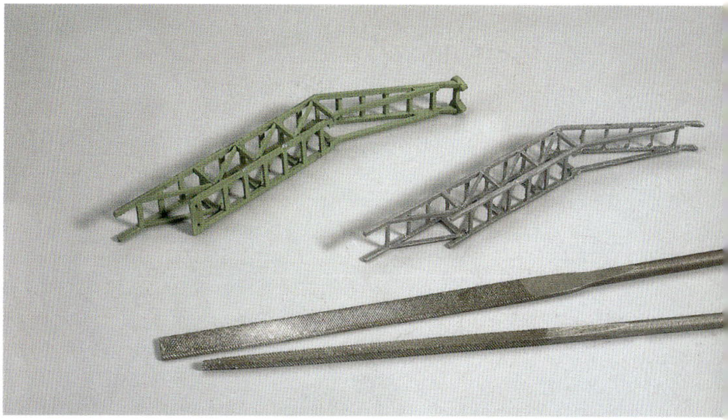

Filigraner wirkt die Dachleiter, wenn sie mit Nadelfeilen bearbeitet wird. Links die Leiter, wie sie aus dem Bausatz kommt (oben). Mit einer Reißnadel lässt sich die Bretterimitation bis an den Außenrand ziehen (links).

Mit Weiß und Ocker lässt sich die Bretterstruktur des Umlaufs sehr gut hervorheben.

Erst wenn der Umlauf fest am Turm sitzt, werden die Stützen angeklebt.

Einige Spuren von sehr dünnflüssiger Rostfarbe setzen den letzten Schliff.

Lediglich der Umlauf mit seinen Stützen, der Dachleiter und Verwitterungsspuren fehlen noch.

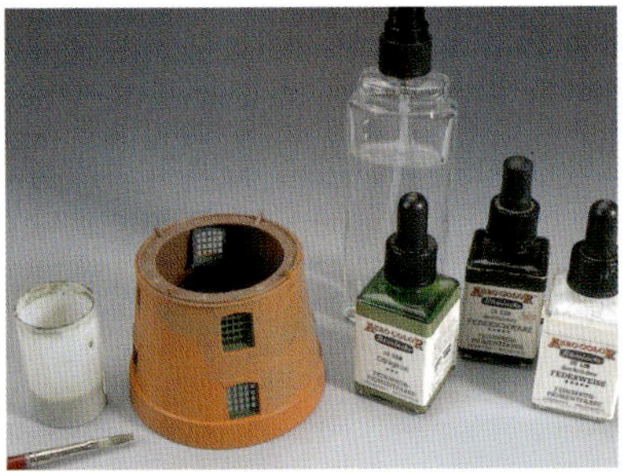

Die mit Wasser-Agepon-Gemisch besprühten Mauerfugen lassen sich mit Aerocolor-Wasserfarbe hervorragend kolorieren.

Bevor der Wasserbehälter auf den Sockel geklebt wird, dürfen die Fenster- und Türverglasungen nicht vergessen werden.

Verwitterung

Die Fugen werden mit einem Gemisch aus verschiedenen Aerocolorfarben ausgelegt. Der graubeige bis graugrüne Farbton benötigt mehrere Arbeitsgänge, bis die gewünschte Farbdichte erreicht ist. Zuvor wird das Mauerwerk mit einem Wasser-Agepon-Gemisch benetzt, damit die Farbe auch richtig in die Fugen eindringt. Der Turmunterbau wird mit graubrauner bis grauschwarzer Farbe (als Gemisch mit Ageponwasser) lasiert, wodurch er ein leicht verwittertes Aussehen erhält. Der letzte Schliff entsteht dann durch kleine Rostspuren an den Geländerpfosten und Umlaufstützen.

Das wird benötigt

Werkzeuge	Feilen, Schleifschwämmchen, feiner Schmirgel, Pinsel, Pinzette, Reißnadel, Stahlwolle
Material	Bausatz „Ottbergen" von Kibri, Aerocolorfarben von Schmincke, Acrylfarben, Spachtelmasse, Kunststoffkleber, Papierklebeband
Schwierigkeit	3 (Vorerfahrung nötig)
Zeitbedarf	2 Tage
Besonderheit	Erhöhter Wasserturm mit satten 245 mm Höhe

Die auf einem kleinen Geländestück eingebaute Wellblechbude von Noch

Nur eine kleine Hütte

Lasergeschnittene Bausätze aus Karton von Noch

Im aktuellen Katalog von Noch ist gleich eine ganze Serie von Kartonbausätzen für die Baugröße H0 zu finden. Beispielhaft sei hier das Modell des vielseitig verwendbaren Wellblech-Unterstands vorgestellt.

Mit den neuen lasergeschnittenen Bausätzen aus Karton, die sich mit herkömmlichen Haushaltsklebstoffen wie etwa Uhu zusammensetzen lassen, kann man auf einfache Weise sehr realistisch wirkende detaillierte Modelle bauen. In der neuen Serie von Noch sind unter anderem ein Haltepunkt, ein Bahnhofs-Kiosk, eine Feldscheune und der hier vorgestellte Wellblech-Unterstand zu finden, außerdem ein kleiner Köf-Schuppen. Die einzelnen Teile werden mit einem scharfen Messer entlang eines Stahllineals aus dem Baubogen geschnitten. Wird das Lineal auf die Bauteile gelegt, verhindert man eine Beschädigung, falls das Messer einmal abrutschen sollte. Bei den dickeren Bauplatten sollte man lieber mehrmals unter nur leichtem Druck schneiden, um eine

Für den Zusammenbau reichen etwas Klebstoff, ein Skalpell und ein Stahllineal völlig aus.

Der gegenwärtig neue Trend: mit dem Laser geschnittene Karton-Bausätze aus dem Hause Noch

Die Teile hängen an winzigen Stegen fest und werden mit einer Rasierklinge gelöst.

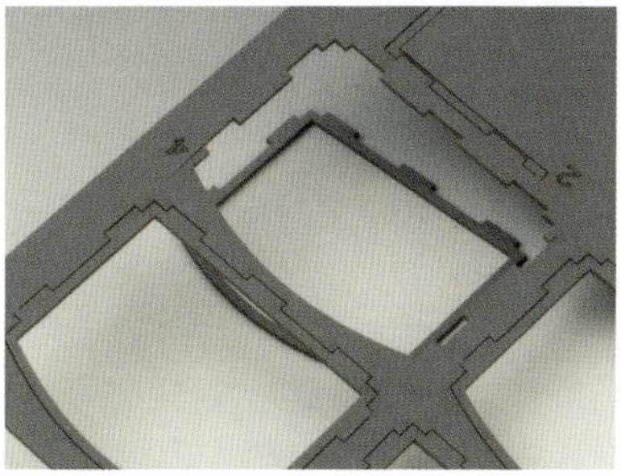

Sind alle Stege durchtrennt, fällt das Teil spontan aus dem Bogen.

saubere Kante zu erhalten; empfehlenswert ist außerdem eine Gummi-Schneidunterlage. Falls die Messerklinge etwas breiter als der gelaserte Schnitt im Halterahmen ist, kann man sich gut mit einer Rasierklinge behelfen. Wenn alle Stege sauber durchtrennt sind, fällt das Bauteil aus dem Bogen, unsauber durchtrennte Stege können nachträglich

Das wird benötigt

Werkzeuge	Airbrush, Sandfeilen, div. Pinsel, Rasierklinge, Skalpell, Stahllineal, Winkel, Stahlklötze
Material	Laser-Cut „Wellblechbude“ von NOCH, Universalkleber, matte Sprühfarbe, Farben, Grünzeug für umliegendes Gelände, Farbverdünnung
Schwierigkeit	2 (nicht zu kompliziert)
Zeitbedarf	2 Tage
Besonderheiten	Besonders filigranes und vorbildgerechtes Wellblech

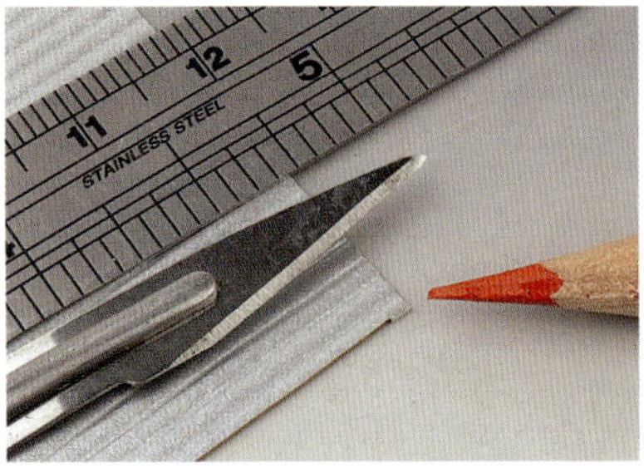

Unsauberkeiten können nachträglich bearbeitet werden.

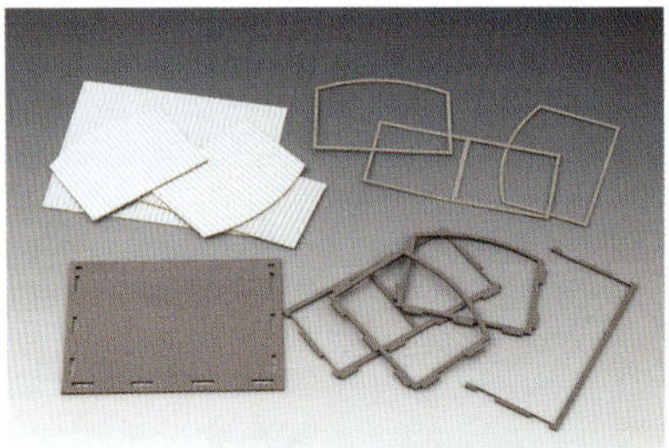

Die Wellblechbude umfasst nur wenig Teile und ist daher ein idealer Einsteigerbausatz.

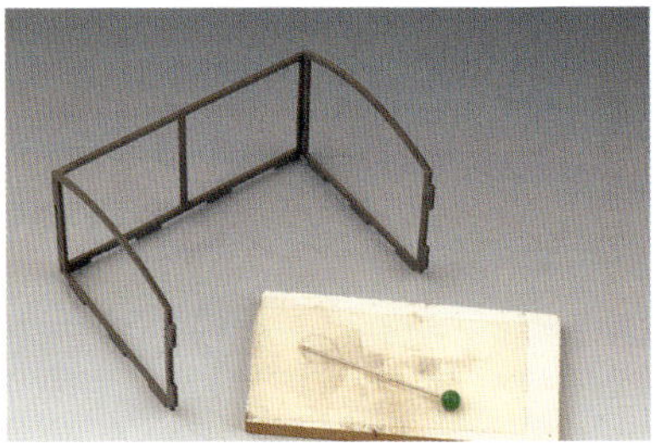

Durch eine Verzahnung ist eine Falschmontage kaum möglich (rechts). Mit einem Winkel wird das Skelett ausgerichtet (unten).

etwas nachgearbeitet werden. Die Wellblech-Unterstände bestehen aus nur wenigen Teilen. Sie sind daher ideal für den Einstieg in diese Technik. Durch die „Verzahnung“ an den Teilen des stählernen Skeletts ist eine falsche Montage so gut wie ausgeschlossen. Um später keine „windschiefe Bude“ zu erhalten, sollte der Rahmen des Unterstands exakt rechtwinklig ausgerichtet werden. Dank der präzise gelaserten Teile erhält man passgenaue Verbindungen. Auf diese Weise entsteht ein filigranes Gerüst mit hoher Stabilität. Für ein optimales Abbinden des Klebstoffes wurde das Grundgerüst mit zwei kleinen Eisenklötzen beschwert. Nach der Fertigstellung konnte das „Stahl“-Skelett auf die Grundplatte geklebt werden. Dank der Verzahnung entfällt das lästige Ausrichten. Danach waren die Montagerahmen für die Wellblechwände an der Reihe: die beiden seitlichen Rahmen müssen um etwa 0,8 mm nach außen versetzt angeklebt werden, damit das hintere Wellblech genau mit den seitlichen Blechen fluchtet. Nach dem Kleben kann das komplette Eisenskelett mittelgrau lackiert werden. So werden auch die durch den Laserschnitt entstandenen braungetönten Schnittkanten maskiert.

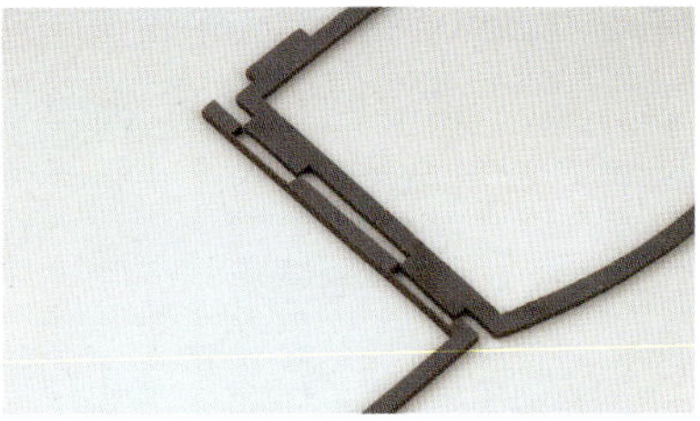

Zapfen an den Teilen bürgen für eine optimale Passform.

Wände aus Wellblech

Wenn die Farbe ausreichend getrocknet ist, kann mit dem Aufkleben der Wandteile begonnen werden. Zuerst die hintere Wand und dann die beiden seitlichen. Das Dach muss zuvor noch über einem geeigneten Gegenstand (etwa einem Rohr) abgerundet werden. Während der Klebstoff aushärtet, werden die Dachenden genau über den Längsträgern mit kleinen Gewichten belastet, damit die Dachrundung an die Seitenwände anschließen kann. Trotz dem Vorformen des Daches bog es sich in der Mitte hinterher leicht nach oben. Dies konnte aber noch behoben werden, indem die Längsträger auf der Oberseite mit einem schmalen Streifen Pappe verdoppelt wurden. Nach dieser Verstärkung des Längsträgers war die Delle im Dachüberstand kaum noch sichtbar. Um den Unterstand später

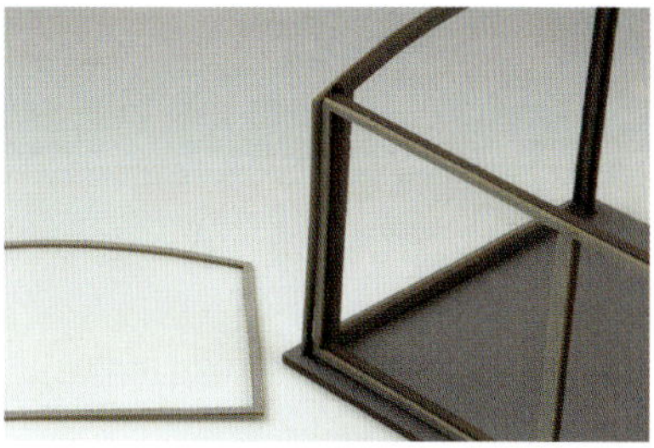

Die seitlichen Rahmen werden nach außen versetzt angeklebt.

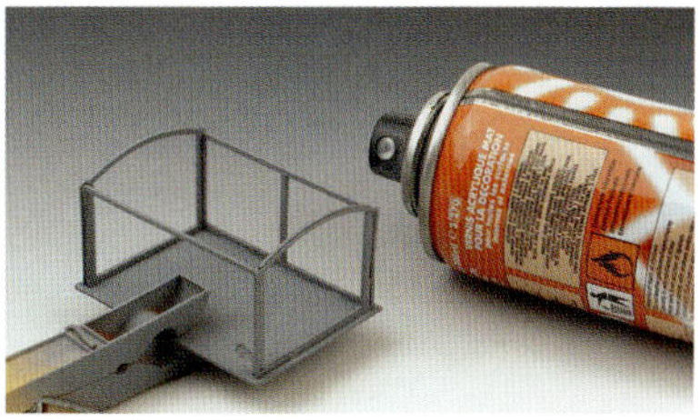

Das Skelett wird bereits vor der Wandmontage grundiert.

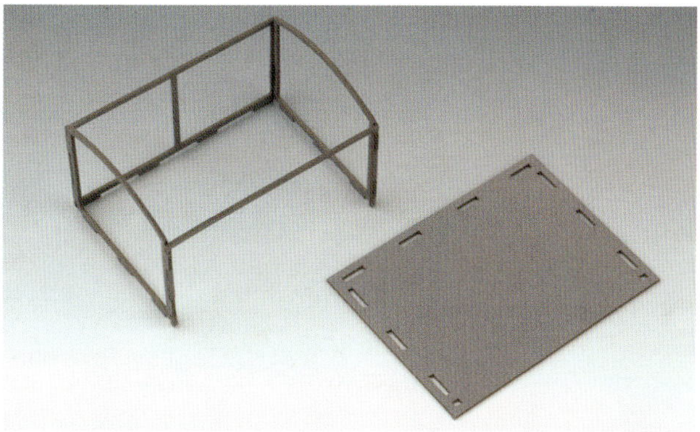

Nach der Fertigstellung wird das eiserne Skelett auf die Grundplatte geklebt.

Eisenklötze beschweren das Skelett, während der Kleber aushärtet.

Die Montagerahmen für die Wände werden vorher auf das eiserne Skelett geklebt.

Die Schnittkanten werden mit einem Stift nachgefärbt.

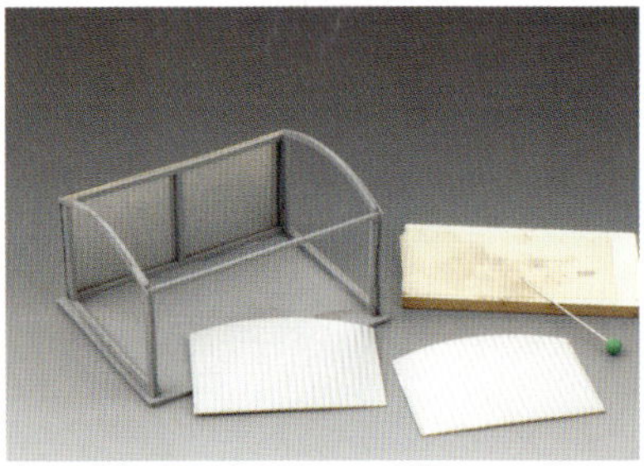

Zuerst wird die Hinterwand an das Skelett geklebt.

Die Dachrundung wird vorab leicht vorgeformt.

Gewichte belasten das Dach, während der Kleber aushärtet.

Die Verdoppelung des Längsträgers und das erneute Verkleben verringern die Wölbung erheblich.

Trotz der Vorarbeit zeigt das Wellblechdach eine leichte Wölbung.

Nach der „Verstärkung“ fällt die Wölbung kaum noch auf.

ohne allzu viel Mühe in die Modell-Landschaft integrieren zu können, wurde die Grundplatte auf ein kleines Stück Heki-dur-Platte geklebt.

Mit Pinsel und Airbrush

Prinzipiell brauchen die Bausätze aus farbigem Karton nicht bemalt zu werden. Wenn gewünscht, können die Wellblechwände je nach Geschmack gealtert werden. Auch sollte man nicht vergessen, die Schnittkanten des Wellblechkartons mit etwas Farbe nachzubehandeln; hierzu sind die Colorstifte von Faller (Art.-Nr. 170691) hervorragend geeignet. Um den von Haus aus etwas unnatürlich wirkenden Glanz des Wellblechkartons zu dämpfen, nebelt man den Unterstand am besten mit mattem Klarlack ein. Diese dünne Schicht Klarlack ermöglicht darüber hinaus eine Nachbehandlung mit wasserlöslichen Farben. Um dem Unterstand ein „bejahrtes“ Aussehen zu verleihen, wurden die Wellbleche zunächst mit schwarzgrauer „Metalizer“-Farbe von Model Master lackiert. Gleich darauf wurde die Farbe mit etwas Verdünnung fast komplett abgewischt; einzig in den Vertiefungen der Wellbleche durfte etwas Farbe zurückbleiben. Der Unterstand konnte dann mit unterschiedlichen Rosttönen akzentuiert werden. Dazu sind beispielsweise ganz normale Wasserfarben aus dem Schulmalkasten geeignet. Abschließend wurde die Grundplatte noch mit etwas Grasbewuchs versehen; auf diese Weise konnte der Unterstand ohne große Anpassungsarbeiten in die bereits existierende Landschaft integriert werden.

Der Unterstand wird auf ein separates Geländeteil gesetzt und mit Mattlack eingenebelt, um den zu hohen Glanzgrat zu verringern.

Die Bude bekommt zuerst einen schwarzgrauen Anstrich.

Mit Verdünnung wird die Farbe fast völlig abgewischt.

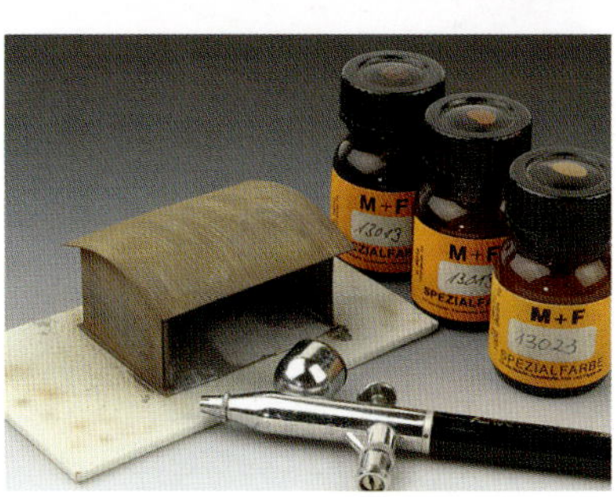

Abschließend wird das Ganze mit Rosttönen dezent patiniert.

4 Fahrzeuge

Flachwagen aus alten Zeiten

Kinderleichte „Superung“ eines Güterwagens

Um einem Plattformwagen das Aussehen der Länderbahnzeit zu geben, sind nur geringe Umbauarbeiten erforderlich: Die Hülsenpuffer ersetzt man durch vierfach geschlitzte Korbpuffer und die Speichenräder eventuell durch feinere Ausführungen oder auch Scheibenräder. Zunächst wird der Wagen komplett zerlegt, was einfach von der Hand geht, denn alle Teile lassen sich leicht aus ihrer Steckverbindung lösen.

Das wird benötigt

Werkzeuge	Airbrush, Bastelsäge, Sandfeilen, Pinsel, Pinzette
Material	Plattformwagen der Gattung SSk Köln von Fleischmann, 0,3 x 3,0 mm Lindenholzleisten, Federpuffer, Hakenkupplung, Radsätze, Beize, Farben, Universalkleber, passende Beschriftung von Bavaria
Schwierigkeit	1 (einfach)
Zeitbedarf	2 Tage
Besonderheiten	Maßstäblicher Bohlenbelag aus „echten“ Holzbohlen mit vorbildgerechtem Farbfinish

Nachdem die Puffer von der Pufferbohle abgezwickt und die Schnittstellen mit Feile und 400er-Schmirgelpapier nachgeschliffen

Aufziehen der Gleisprofile mit einer Lok. Wenn das der Lademeister erfährt!

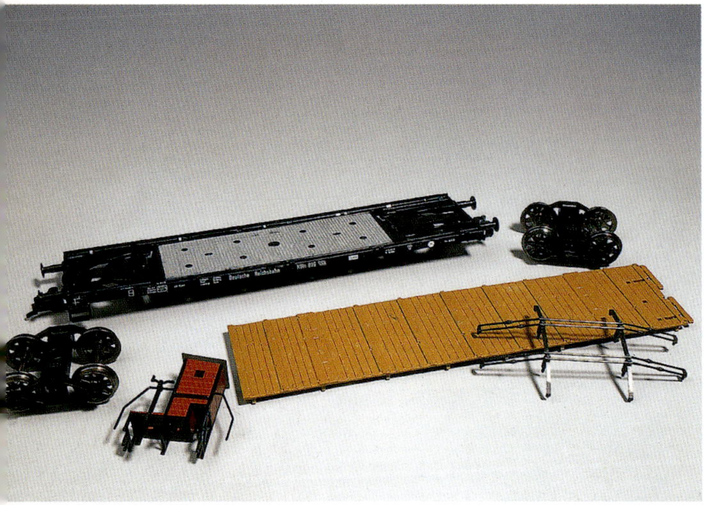

Der Plattformwagen wird in seine Einzelteile zerlegt (oben). Rechts die Originaldrehgestelle, links die neuen, grau lackierten Scheibenräder mit RP-25-Profil (rechts).

Pufferbohle-Kosmetik: Die Originalpufferbohle wird mit neuem Korbpuffer, Rangiergriffen und einer Doppelhakenkupplung versehen.

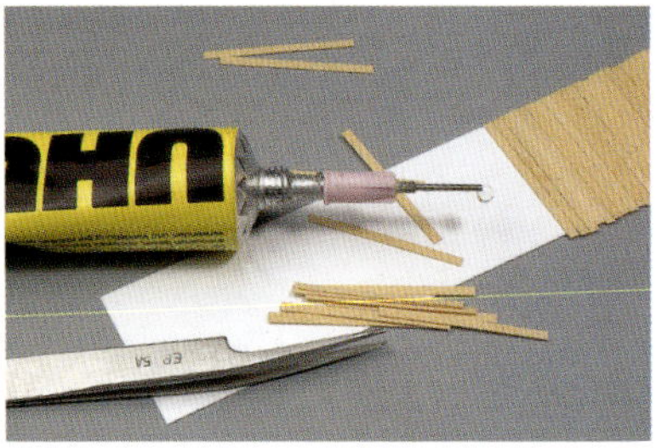

Die Holzbohlen werden zuerst auf eine Polystyrol-Unterlage geklebt.

sind, bohrt man 2-mm-Aufnahmelöcher für die neuen Federpuffer. Rangierergriffe und eine Doppelhakenkupplung vervollständigen die umgestaltete Pufferbohle. Als nächstes können der komplette Wagenkasten schwarz (RAL 9005) und die neuen Radsätze blaugrau (RAL 7031) lackiert werden.

Neuer Bohlenbelag

Die Beladungsvorschriften der Jahrhundertwende wiesen auf der Ladefläche eines Flachwagens, der Kübel transportierte, keine erhabenen Bohlen auf. Im Modell hat man die Wahl zwischen zwei Lösungen: Entweder werden die erhabenen Bohlen flach gefeilt und neu bemalt, oder es entsteht ein Bohlenbelag aus echten Holzprofilen. Der Plastikaufbau hat gegenüber echten Holzbohlen den Nachteil, die typische Holzmaserung nicht richtig wiedergeben zu können. Nur Lackiermeister können mit einer aufwendigen Maltechnik ein ähnliches Aussehen erreichen. Aus diesem Grund werden etwa 60 Holzbohlen mit den Maßen 33,4 x 2,4 x 0,3 mm angefertigt, die die Ladefläche vollständig bedecken sollen. Die Bohlen klebt man zuerst auf eine dünne Polystyrol-Unterlage und färbt sie mit Beize ein. Die ursprüngliche Bodenplatte des Fleischmann-Wagens wandert in die Bastelkiste. Nach vollständigem Austrocknen der Beize befestigt man die neue Unterlage mit etwas Sekundenkleber auf dem Wagenkasten. Dem Wiederaufbau des Wagens steht nun nichts mehr im Wege. Alleskleber gibt dem Bremserhaus auf der neuen Ladefläche festen Halt.

Ein Beschriftungsbogen der Firma Bavaria enthält die passenden Anschriften für den preußischen Plattformwagen. Die neu aufgebrachten Nassschiebebilder sollten mindestens zwölf Stunden trocknen, bevor sie mit einer Schicht Klarlack – sie erhöht die Grifffestigkeit der Farben und Zeichen – geschützt werden.

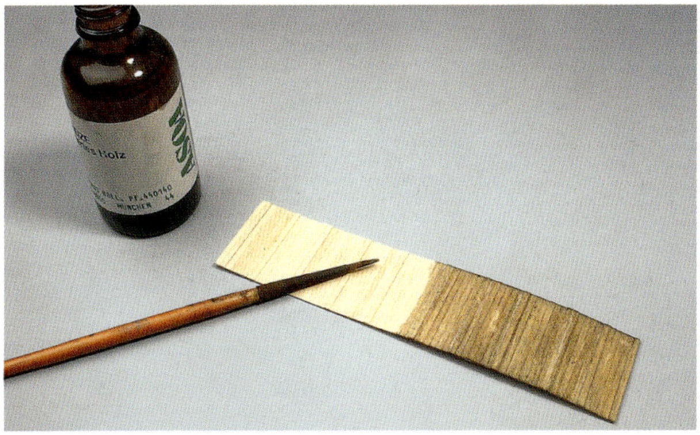

Durch etwas Beize, z. B. „verwittertes Holz“ # 2182 von Asoa, erhalten die Bohlen ihr verwittertes Aussehen.

Das grelle Streiflicht betont das verwitterte Aussehen des neuen Bohlenbelags.

Standardbeladung des vorigen Jahrhunderts: ein bayerischer Rungenwagen der Gattung Rm, beladen mit Telegrafenmasten

Langholz-Ladung

Typische Wagenladung der Epochen 1 bis 3

Zu Beginn dieses Jahrhunderts war Rundholz in Längen von 7 bis 11 m und in Stärken von 0,14 bis 0,26 m ein sehr wichtiges Rohmaterial. Es diente zur Herstellung u. a. von Holzmasten für Freileitungen in der Energieversorgung und für das öffentliche Telegrafennetz. Die geschälten Stämme wurden per Eisenbahn vom Sägewerk zu den Stangenlagern der Post, der Bahn, der Stadtwerke, der Energieversorger oder einem Imprägnierwerk durch Güterwagen der Gattungen H, R, S und gelegentlich X – alle mit Rungen versehen – transportiert.

Dimensionierung der Masten

Strom- und Telegrafenmasten werden aus Holzstangen, Zahnstochern oder Fleischspießen angefertigt. Sie sind für wenige Cent im Warenhaus oder beim Bastelbedarf erhältlich. Zu Beginn der Bastelei sollte man sich überlegen, welche Längen bei den Masten gewünscht sind. Beim Vorbild sind die Telegrafenmasten meistens 7 bis 11 m lang und in Schritten von einem Meter zunehmend bei einer Dicke von 0,14 bis 0,16 m unterteilt gewesen. Die Strommasten wiesen bei der gleichen Längeneinteilung eine Dicke von 0,26 m auf. In H0 umgerechnet ergeben sich folgende Werte: Telegrafenmasten etwa 1,6 bis 1,8 mm Durchmesser, Strommasten 3 mm, Längen etwa 80 bis 126,5 mm in Schritten von 11,5 mm. Auch die Ladelänge der jeweiligen Rungenwagen sollte berücksichtigt werden.

Die Ladung

Die erste Schicht mit Masten ist auf einer dünnen Pappe, deren Kanten bündig an die Seitenwände des Wagens stoßen, mit einem Universal-Kleber befestigt worden. Die Ladung kann nun problemlos jederzeit wieder herausgenommen werden.

Ist die Länge der Masten bestimmt, können von den Rundhölzern mit einer kleinen Bastelsäge – z. B. der ROCO-Säge – die angespitzten Enden abgesägt und auf das gewünschte Maß abgelängt werden. Eine kleine, selbstgebastelte Lehre – ein kleines Brett mit einer Leiste als Anschlag für die gewünschte Länge – erleichtert das Ablängen der einzelnen Masten erheblich. Anschließend werden die Masten mithilfe eines sehr scharfen Bastelmessers oder eines Skalpells an einem Ende in einem Winkel von ungefähr 45° angespitzt. Nun sind die Masten fertig zum Verladen. Auf einen Anstrich wird verzichtet, weil es sich hier um frisch geschälte Stämme aus dem Sägewerk handelt.

Mit einem Universalkleber wird die erste Schicht Rundhölzer auf dünne Pappe (etwa 0,7 mm Stärke) geklebt.

Die Rundhölzer sollten wie beim Vorbild bündig an der Innenseite der Bordwände anliegen.

Die Sicherung

Nach etwa der dritten oder vierten Schicht wird die erste Sicherung auf halber Rungenhöhe gesetzt. An zwei oder drei Stellen wird Kupferdraht von 0,05 bis 0,10 mm Stärke unterhalb der Ladung durchgezogen, die Enden werden ineinander gedreht und mit etwas Sekundenkleber gesichert. Jetzt kann weiter geladen werden, bis die gewünschte Höhe erreicht ist (maximal bis an die Höhe der Rungenspitzen). Jetzt wird eine zweite Ladungssicherung angebracht. Um den Kupferdraht an den Ösen der Rungenspitzen zu befestigen, werden diese mit einem Spiralbohrer von 0,5 mm durchbohrt, der Draht durchgezogen und verrödelt. So liegt die Holzladung sicher und fest auf dem Wagen.

Die Ladungssicherung hält die Hölzer schön beisammen (oben).

An den durchbohrten Ösen kann der Bindedraht befestigt werden (rechts).

Fast hundert Masten hat der bayerische Rm auf seinem Buckel (unten).

Das wird benötigt

Werkzeuge	Scharfes Bastelmesser oder Skalpell, Sandfeilen, div. Bohrer, Bohrhalter, Seitenschneider
Material	2,0 bis 2,3 mm Rundholz oder Fleischspieße, 0,1 mm Bindedraht (Kupfer), Sekundenkleber, Universalkleber, 0,3 mm Polystyrol-Unterlage
Schwierigkeit	1 (einfach)
Zeitbedarf	1 Tag
Besonderheiten	Vorbildgerechte Ladung Holzmasten für offene oder Rungenwagen

Der frisch aufgearbeitete preußische Kalkkübelwagen wird zur nächsten Einsatzstelle befördert.

Schutz vor Nässe

Kalkkübel für flache Transportwagen

Der Rother Kleinserienhersteller Bavaria führt in seinem Programm den Bausatz eines preußischen Kalkkübelwagens, der mit drei sehr schönen Metallbehälter-Nachbildungen beladen ist.

Seit geraumer Zeit sind diese Kalkkübel auch einzeln zu erwerben und können somit auch speziell als Ladegut verwendet werden. Als ideales Trägermodell bietet sich ein herkömmlicher Plattformwagen der Gattung „SSk Köln“ von Fleischmann an, der sich mithilfe dieses Zurüstsatzes in einen vierachsigen preußischen Kalkwagen für den Transport von Löschkalk der Direktion Elberfeld verwandeln lässt.

Weil am Basismodell nichts verändert werden muss, ist die DRG-Version des Fleischmann-Plattformwagens für die geplante Umgestaltung prädestiniert. Weniger geeignet ist dagegen die DB-Ausführung, die

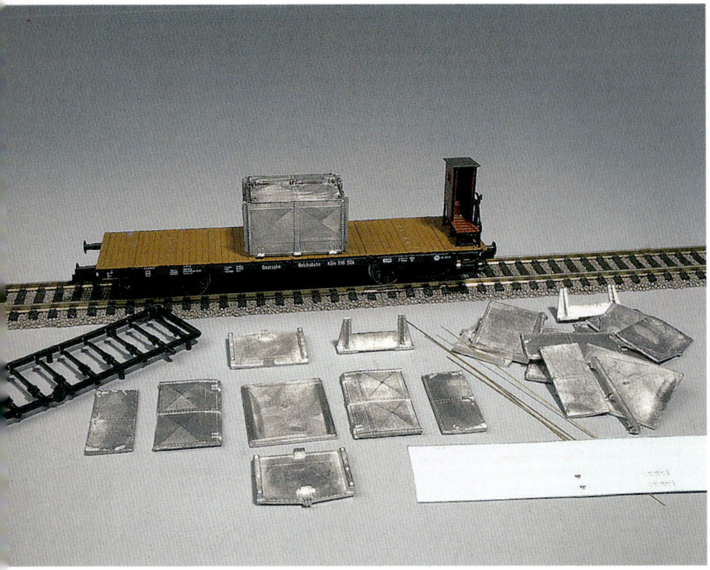

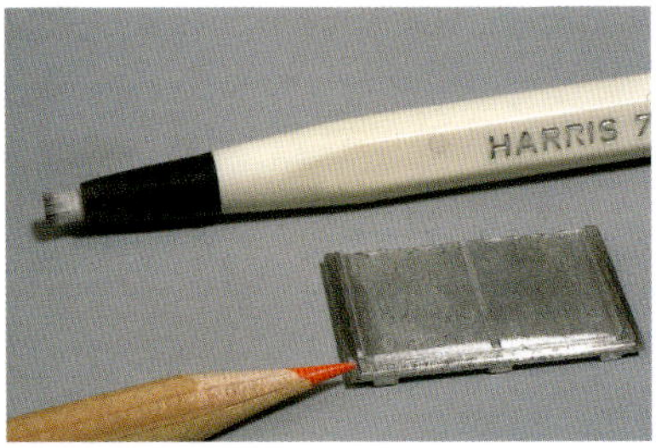

Die Teile des Zurüstsatzes (oben). Die Klebeflächen müssen unbedingt gereinigt werden, damit der Kleber optimal haftet (rechts).

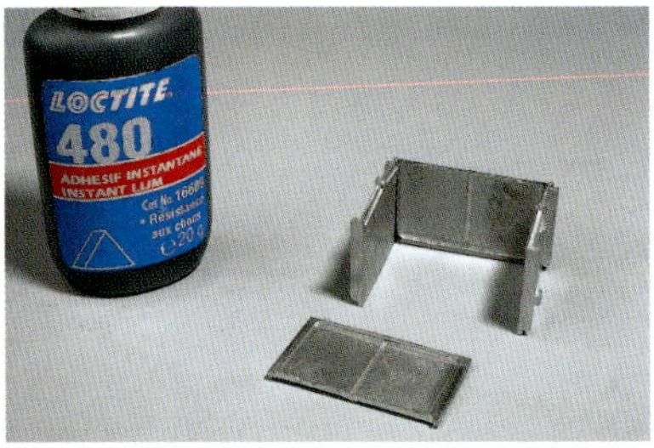

Ein dickflüssiger Kleber, wie der „480“ von Loctite, ist bestens geeignet.

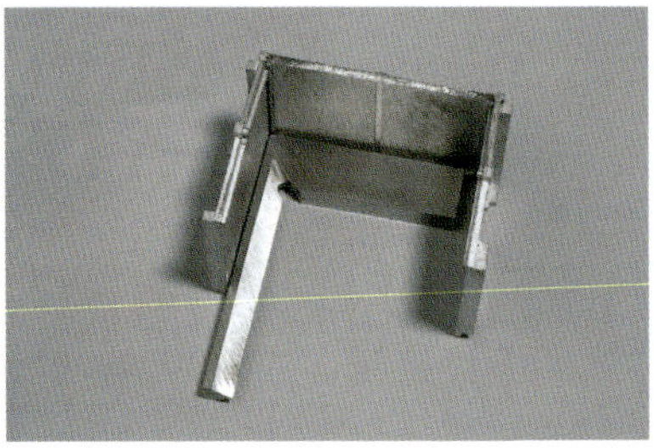

Beide Stirnseiten werden mit einem Haarwinkel auf ihre Rechtwinkligkeit geprüft.

mit ihrer Bremserbühne und dem dadurch bedingten Fehlen des hochgesetzten Bremserhauses ein typisch preußisches Merkmal entbehrt. Sämtliche Teile des Bausatzes bestehen aus Weißmetall und sind fast ohne nennenswerte „Schwimmhäute“ oder sichtbare Gussnähte sauber gegossen. Etwa 0,3 mm starker Messingdraht für die Handgriffe sowie ein kompletter Satz Nassschiebebilder für die Neubeschriftung des Wagens liegen dem Zurüstsatz bei.

Vorarbeit

Zunächst werden an sämtlichen Bauteilen die noch vorhandenen Gussgrate entfernt. Hierzu haben sich eine kleine, ältere Feile und ein wenig feines Schmirgelpapier mit 400er-Körnung bestens bewährt. Beim Befeilen der Kübelwände und -deckel muss die Rechtwinkligkeit der Teile unbedingt bewahrt bleiben, sonst bilden sich nachher beim Zusammenkleben Risse und Spalten, die dann erst wieder in mühsamer Arbeit verspachtelt werden müssen. Im Fall des Falles ist die Rechtwinkligkeit lieber einmal mehr mit einem kleinen Winkel zu überprüfen.

Saubere Klebeflächen

Um eine gute und dauerhafte Klebeverbindung zu erzielen, empfiehlt es sich, die Klebeflächen der Gussteile zuvor auf einer mit feinem Schmirgelpapier beklebten, flachen Unterlage wie z. B. einer Glas- oder Marmorplatte abzuziehen. Alternativ kann man die Flächen auch mit einem Glasfaserradierer polieren.

Klebevorgang

Zuerst befestigt man beide Stirnwände nacheinander mit einem langsam abbindenden Sekundenkleber (z. B. Loctite 480), der innerhalb von 20 bis 30 Sekunden seine Haftwirkung erreicht, an einer Seitenwand. Hierzu noch eine spezielle Anmerkung: Der erwähnte Sekundenkleber bindet, wie die meisten industriellen Produkte dieser Art, unter Einfluss der Luftfeuchtigkeit ab. Er benötigt daher unbedingt eine relative Luftfeuchtigkeit von mindestens 55 Prozent, um eine effektive Wirkung zu erzielen; liegt sie unterhalb dieses Wertes, bindet der Kleber so gut wie nicht ab. Eventuelle Kleberückstände lassen sich mit einem acetongetränkten Pinsel mühelos beseitigen, sofern sie wie in diesem Falle auf Metallen oder azetonbeständigen Kunststoffen anfallen. Noch während der Abbindezeit des Klebers müssen die Stirnwände absolut rechtwinklig ausgerichtet werden, da sich sonst die Bodenplatte nicht ohne zu verklemmen in den Kübelkasten einkleben lässt.

Nach dem Aushärten des Klebers kann die zweite Seitenwand in gleicher Weise eingefügt werden. Auch hier ist wieder auf Passgenauigkeit und Rechtwinkligkeit zu achten. Bevor man nun die Klappdeckel befestigt, müssen die Gabeln der Gelenke etwas breiter gefeilt werden, sodass beide Gelenkhälften sauber ineinander greifen. Dann können beide Klappdeckel außen bündig mit den Seitenwänden sowie der Kübelfirst verklebt werden. Zum Zwecke einer optimalen Haftung kann man an sämtlichen Innenkanten noch etwas Sekundenkleber nachgeben.

Herausragende Stummel müssen unbedingt plangefeilt werden.

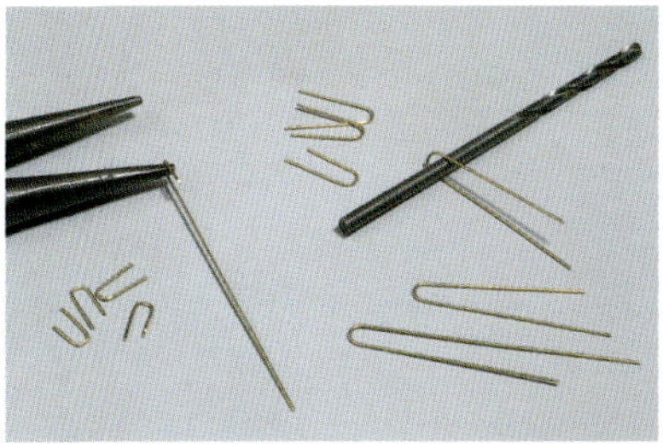

Die Griffe lassen sich mit einem Spiralbohrer mit passendem Durchmesser zurechtbiegen.

Die Verwendung von Schneideöl ist sehr empfehlenswert: Die Spiralbohrer schneiden besser, und die Gefahr des Brechens ist weitgehend behoben.

Das wird benötigt

Werkzeuge	Airbrush, Feilen, div. Bohrer, Bohrhalter, div. Feilen, Glasfaserradierer, Haarwinkel, feine Rundbackenzange, Pinsel
Material	Bausatz „preußische Kalkkübel“ von Bavaria, Fleischmann-Flachwagen der Gattung SSk, Schneideöl, Sekundenkleber, Universalkleber, Farben
Schwierigkeit	3 (Vorerfahrung nötig)
Zeitbedarf	2 Tage
Besonderheiten	Kalkkübelwagen nach preußischen Normalien

Der noch nagelneue Kalkkübelwagen ist irgendwo im Preußischen unterwegs. Zuglok ist eine umgebaute Roco-Lok der Baureihe 93.0.

Mit dem Einfügen der Bodenplatte ist der Rohbau des Kalkbehälters soweit beendet.

Handgriffe

Die Griffe an den Klappdeckeln und an den Stirnseiten wurden aus etwa 0,3 mm starkem Messingdraht über einem runden Gegenstand mit geeignetem Durchmesser, z. B. einem Spiralbohrer, zurechtgebogen. Die Aufnahmelöcher für die Griffe entstehen mit einem 0,35-mm-Spiralbohrer. Unerlässlich ist die Verwendung von etwas Schneideöl, da sich der Bohrer ansonsten verklemmen und sogar abbrechen kann. Das Endergebnis ist dann eine Bohrerspitze, die fest im Bohrloch steckt und sich in den meisten Fällen nicht wieder herausziehen lässt. Nachdem schließlich alle Aufnahmebohrungen fertiggestellt sind, werden die Griffe mit etwas Sekundenkleber darin befestigt.

Endgestaltung

Nach einer gründlichen Reinigung mit Aceton oder Benzin kann die Grundierung der fertigen Behälter beginnen. Auf diesen Vorgang sollte man grundsätzlich nicht verzichten, denn er erhöht die Grifffestigkeit der anschließend aufgesprühten Farbe. Die Kübel werden komplett in Rotbraun (RAL 8012) gespritzt, die Stützen erhalten eine schwarze

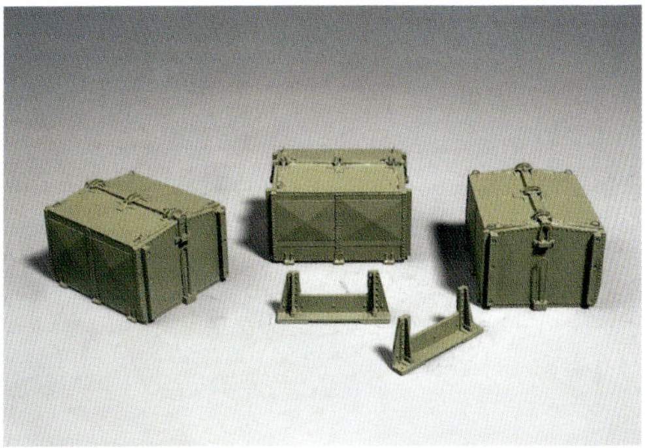

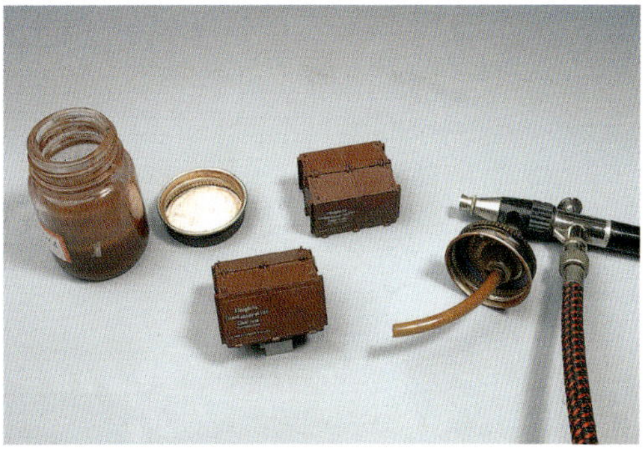

Farbgebung (RAL 9005). Sämtliche Griffe kann man als Variante ebenfalls schwarz absetzen. Nach etwa 24 Stunden Trockenzeit wird durch die beiliegenden Nassschiebebilder die Beschriftung der Behälter und des Wagens vorgenommen. Zur besseren Handhabung gibt man dem lauwarmen Wasser etwas Weichmacher, z. B. von Gaßner oder Humbrol, bei. Zuletzt werden die Kübel noch mit Klarlack übersprüht. Nach ausreichendem Abtrocknen kann die Verladung auf dem Plattformwagen beginnen. Die Befestigung kann ausschließlich durch die Stützen mit etwas Universalkleber erfolgen; die Kübel selber werden durch die Einstellung der Stützen nur geklemmt und können so stets abgenommen werden.

Vor der Lackierung werden alle Teile grundiert (oben links). Dann erhalten die Kübel den rotbraunen Anstrich (oben rechts). Die Stützen werden mit Universalkleber verklebt (links).

Auch nach der Montage der Stützen können die Kalkbehälter jederzeit abgenommen werden.

Die Vogelperspektive zeigt die filigranen Griffe und Verschlüsse der Kalkkübel überdeutlich.

Fertig lackiert und beschriftet ist der offene bayerische Güterwagen eine Augenweide. Dank der Messingteile bleiben in der Detaillierung keine Wünsche offen. Der Bohlenbelag besteht aus „echten“ Holzleisten.

Länderbahn-Güterwagen

Ein Einsteiger-Bausatz aus Messing

Seit etlichen Jahren bringt der Kleinserienhersteller Bavaria Länderbahn-Güterwagen verschiedener deutscher Verwaltungen als preiswerte Doppelbausätze auf den Markt. Sie enthalten u. a. eine ausführliche achtseitige Bauanleitung. Viele Bauteile sind als Messinggussteile gefertigt, so beispielsweise Doppelhakenkupplungen, Kupplungsabfederungen, Kettenösen, Trittbretthalter und Achslager mit ihrem Federpaket. Dagegen sind der komplette Wagenkasten, die Bodenplatte, Achslagerkulissen und die Längsträgerdetaillierungsbleche als Ätzteile beigelegt. Die Räder sind aus Neusilber in Form von RP-25-Spurkränzen gefertigt. Achsen und Puffer sind brüniert. Für die Längsträger und das Fahrgestell sind Messingprofile sauber auf Sollmaß abgesägt worden. Holzleisten für den Bohlenbelag und Nassschiebebilder mit bayerischer Beschriftung um 1910 runden den Messing-Bausatz ab.

Bauvorbereitung

Zu Beginn werden die Bauteile mithilfe der Bauanleitung identifiziert und mit einer Feile (Hieb 3) und feinem Schmirgelpapier von eventuellen Graten befreit. Bevor der Zusammenbau beginnt, sollten die Teile auf Passung überprüft und der jeweiligen Baugruppe zugeordnet werden.

Bodenplatte

Erst werden die Z-Profile und Längsträger entlang der Markierungen auf die Bodenplatte gelötet. Danach folgen die I-Profile und Querträger gemäß der markierten Stellen. Alle Enden müssen unbedingt bündig abschließen, da später die Längsträger dagegen gelötet werden. Bevor jedoch die Querträger verlötet werden, müssen zuerst die Kupplungsabfederungen zwischen den Längsträgern eingelötet und mit einem 0,5 mm Draht bis etwa 5 mm vor die Pufferbohle verlängert werden. Darauf werden die L-Profile gelötet, und zwar genau über die Z-Profile; die Außenkante bleibt dabei bündig. Jetzt ist die Bodenplatte fertig.

Längsträger

Die geätzten Kulissenbleche müssen auf die Hinterseite des Längsträgerprofils und das geätzte Detaillierungsblech vorne in das Längsträgerprofil zugleich miteinander verlötet werden. Die Streben biegt man nach dem Zusammenlöten um 90 ° um. Zu beachten ist die Lage der Detaillierungsbleche; die Nieten müssen sich auf beiden Seiten gegenüberstehen. Nachdem die Achsbohrungen mit einem 0,9- bis 1,0-mm-Spiralbohrer so aufgeweitet worden sind, dass die Achsstummel auf ungefähr der Hälfte ihrer Länge hineinragen, werden die Achslager zusammen mit den Federpaketen in die geätzte Kulissenführungen gesetzt und

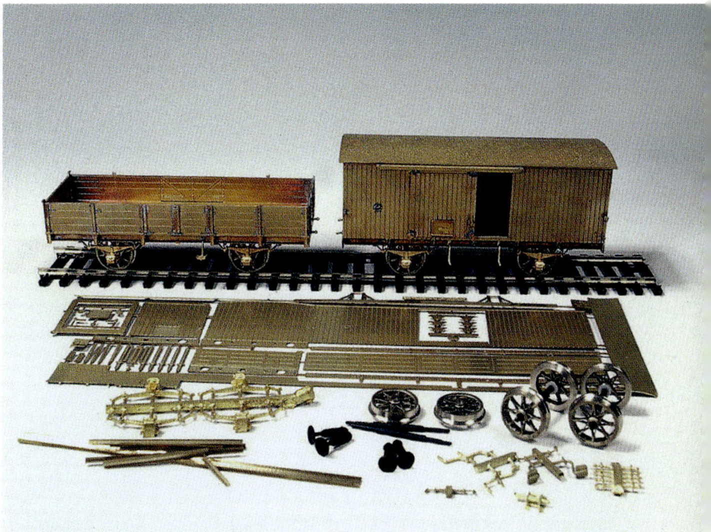

Aus nur wenigen Bauteilen entsteht ein filigraner Messingwagen.

Sämtliche Profile und auch die Kupplungsabfederung werden zuerst angelötet.

verlötet. Die Schenkel müssen dabei exakt am Längsträgerprofil anliegen und die Achsbohrungen gleich zur Längsträgeroberkante liegen; wenn dem nicht so ist, taumelt der Wagen! Zum Schluss werden die Trittbretthalter gemäß der

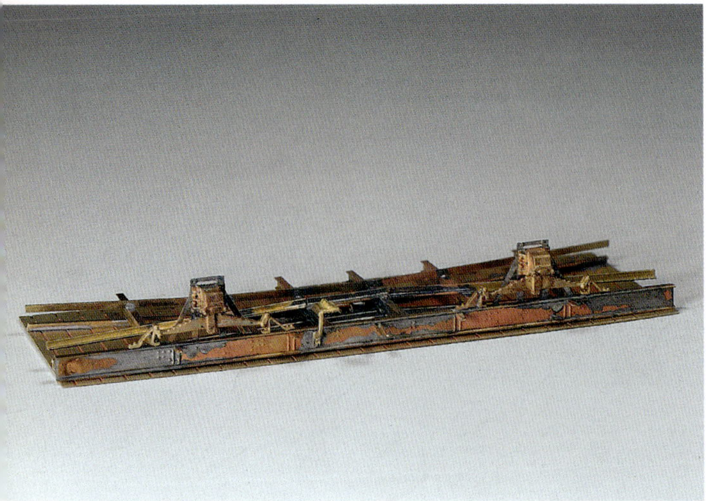

Ein mit Achslagern und Trittstufe bestückter Längsträger wird auf die Bodenplatte gelötet.

In einer in Eigenregie hergestellten Aufziehvorrichtung werden die Räder auf die Achse gepresst.

Bauanleitung an die Längsträger gesetzt und angelötet.

Untergestell

Die Längsträger werden so mit der Bodenplatte verlötet, dass die Zapfen der Kulissenbleche in die Schlitze im Bodenblech passen. Eine Klebeverbindung wäre hier alternativ auch denkbar; die Festigkeit würde für den Betriebsalltag ausreichen. Zusätzlich bietet das Kleben den Vorteil einer einfacheren und sicheren Handhabung für Einsteiger: Die Bodenplatte verzieht sich nicht, und bereits verlötete Teile werden nicht wieder aus Versehen abgelöst.

Wagenkasten

Die Messingblechabwicklung der Bordwände wird an den Biegekanten eines scharfkantigen, dicken Brettes oder einem anderen passenden Gegenstand abgewinkelt. Dabei ist auf die genaue 90-Grad-Biegung zu achten, da sonst die Ecken der Wände nachher nicht bündig anliegen. Sind die Bordwände abgewinkelt, werden sie in den Ecken verlötet und eventuelle Überstände abgefeilt. Dann werden die Verstärkungsbleche, Beschläge und Kettenösen an das Gehäuse gelötet, die genaue Lage zeigt die Bauanleitung. Die abstehenden Stege der Kettenösen werden an der Pufferbohle plan gefeilt. Jetzt können die Bordwände bündig mit der Oberkante der Innenabwicklung gelötet oder geklebt werden. Eine Klebeverbindung mit einem Sekundenkleber, der langsam abbindet, oder gleich einem Zwei-Komponenten-Kleber ist hier vorzuziehen. Mit Wäsche-, Haar- oder Krokodilklammern lassen sich die Teile nach dem exakten Ausrichten zusammenhalten. Als Letztes werden schließlich die Federpuffer (zur Orientierung: der gewölbte Puffer rechts) mit einem

Tropfen Sekundenkleber an der Pufferbohle befestigt.

Radmontage

Da die Räder und die dazugehörigen Achsen dem Bausatz lose beiliegen, müssen die Radscheiben auf die Achsen aufgezogen werden. Hierzu werden die Isolierbuchsen mit einem 1,0-mm-Bohrer geringfügig nachgebohrt und dann die Räder gefühlvoll bis an den Bund auf die Achsen gedrückt. Danach unbedingt auf korrektes Innenmaß und Rundlauf prüfen! Dazu kann man eine Normlehre oder die fertige Achse auf einem Gleis und durch eine Weiche rollen lassen. Gegebenenfalls muss das falsch justierte Rad erneut aufgepresst werden. Besser ist es, die Räder in einer Drehbank oder mit einer Aufziehvorrichtung auf die Achsen zu pressen, diese gewährleisten einen hundertprozentigen Rundlauf. Sollten die Räder zu locker auf den Achsen sitzen, können sie mit Sekundenkleber gesichert werden. Da die Federpuffer bereits am Wagenkasten kleben, müssen in der Bodenplatte (jeweils im Bereich der Federpuffer) auf einer Seite zwei Schlitze gefeilt werden, da sonst der hintere Teil der Federpuffer und die Bodenplatte aufeinanderstoßen, was zur Folge hat, dass der Wagenaufbau schief auf dem Untergestell sitzt. Die Kupplungen werden analog der Bauanleitung gebaut. Zuerst muss ein Loch von 0,4 mm Durchmesser zur Sicherung der Zugfeder am Ende des Zughakens gebohrt werden, damit er federnd eingebaut werden kann. Um die Funktionsfähig-

Das fertige Untergestell hat Radsätze nach der amerikanischen RP-25-Norm erhalten.

Mit verschiedenen Klammern werden die Bordwände des Wagenkastens nach dem Ausrichten zusammengehalten.

Der Wagenaufbau kann sowohl geklebt als auch auf den Rahmen gelötet werden.

Das wird benötigt

Werkzeuge	Airbrush, Feilen, Lötkolben, Flammlötgerät, div. Bohrer, Bohrhalter, div. Zangen, Pinsel, Pinzette
Material	Einsteigerbausatz von Bavaria, Zweikomponentenkleber, Sekundenkleber, Farben, Grundierung
Schwierigkeit	3 (Vorerfahrung nötig)
Zeitbedarf	2 Tage
Besonderheiten	Bayerische Länderbahngarnitur aus Messingätz- und -gussteilen sowie feine Lindenholzprofile für den Bohlenbelag. Mittlerweile liefert Bavaria die Einsteigerbausätze mit komplett aufgezogenen Rädern

keit zu erhalten, werden die langen Stege mit einer Zange am Ende flachgedrückt und nicht verlötet.

Lackierung und Beschriftung

Sind alle Baugruppen gründlich von Lötfett und anderen Verunreinigungen befreit, können sie grundiert werden, was für „Betriebsmodelle" ein absolutes Muss ist! Wer über eine Sandstrahlanlage verfügt, kann das Modell „porenrein" säubern, sodass wirklich keine Fingerabdrücke oder Lötwasserreste der Haftung des Metallgrundierers etwas anhaben können. Nach dem Trocknen der Grundierung (sie ist im Autozubehör erhältlich) wird das Modell mit Farben von Bavaria nach der bayerischen Länderbahn-Vorschrift lackiert. Eine Pinsellackierung ist nur ratsam, wenn das Modell anschließend ein stark gealtertes Finish erhält. Die Farben werden mit dem Pinsel in mehreren dünnen Schichten, die jedes Mal gut durchtrocknen sollen, bis zur völligen Deckung aufgetragen. Bei Verwendung einer Spritzpistole werden die Bavaria-Farben im Verhältnis 1:4 verdünnt. Nun kann der Wagenkasten auf das Fahrgestell geklebt werden. Die lackierte Kupplung wird mit Feder und einem Drahtstück zur Sicherung der Feder beweglich in die Pufferbohle eingebaut. Der Bohlenbelag des Bodens entsteht aus einzelnen Holzleisten und wird mit etwas Klarlack am Bodenblech befestigt. Die erforderlichen Anschriften schneidet man aus dem Bogen aus. Nach kurzer Einweichzeit in lauwarmem Wasser lassen sie sich vom Trägerpapier lösen und auf dem Modell ausrichten. Sofort danach werden die Nassschiebebilder mit einem Weichmacher überpinselt und festgedrückt. Abschließend kann das Modell noch mit mattem oder seidenmattem Klarlack übersprüht werden. Dies erhöht einerseits die Haftung der Schiebebilder und verringert zugleich den Lackglanz erheblich.

Eine hübsche bayerische Länderbahn-Garnitur: Zuglok ist eine Bay D IV, verfeinert mit Zurüstteilen von Reitz.

Eine ungewohnte Donnerbüchse

ABi-21 auf Fleischmann-Basis

Einer der ersten komplett aus Eisen bestehenden Personenwagen war der BDi-21, der später bei der DB die Bezeichnung ABi-21 trug. Christoph von Neumann bietet dazu einen Umbausatz für die Fleischmann-Donnerbüchse an.

Bei den 1921 entstandenen Wagen der „eisernen“ Bauart handelte es sich in der Regel um Probeserien von jeweils zehn Fahrzeugen, die von verschiedenen Waggonherstellern gebaut wurden. Für den hier vorgestellten ABi-21 36020 zeichnete die Firma Fuchs aus Heidelberg verantwortlich. Aus dieser Serie wurde ein Wagen 1985 im RAW „Erich Kramer“ in Potsdam mustergültig restauriert und lief danach im „Veltener Traditionszug“ der DR. Leider fiel das Fahrzeug einem schweren Rangierunfall zum Opfer und wurde im April 2005 verschrottet. Für diesen Wagen entwickelte Christoph von Neumann einen Umbausatz mit Seitenwänden aus geätztem Messing (Art.-Nr. 9010, zu beziehen über Reitz Modellbau). Als Grundlage dient der BCi-28 von Fleischmann (z. B. Art.-Nr. 5077).

Als Erstes wird der Wagen vollständig in seine Einzelteile zerlegt. Falls die Kurzkupplungen nach dem Umbau wieder verwendet werden sollen, muss man die winzigen Federn sicher aufheben! Damit der Wagen durch die aufgeklebten Ätzbleche nicht zu breit

Der hier vorgestellte ABi-21 steht abfahrbereit am Bahnsteig. Zuglok ist eine DB-Maschine der alten preußischen Gattung T 9.

wird, muss der Wagenkasten auf jeder Seite um 0,15 mm abgeschliffen werden. Hierzu wird ein Holzklotz (33,5 x 120 x 25 mm) angefer-

Das wird benötigt

Werkzeuge	Airbrush, Feilen, feiner Schmirgel, div. Bohrer, Bohrhalter, Bügelsäge, Pinsel, Mini-Bohrmaschine, Maßschieber, Skalpell, Seitenschneider, Vorschneider, div. Wäscheklammern
Material	Umbausatz von Ch. von Neumann, Fleischmann BCi 28 # 5077, Sekundenkleber und -gel, Zweikomponentenkleber, Farben, Kunststoffprofile
Schwierigkeit	3 (Vorerfahrung nötig)
Zeitbedarf	2 Tage
Besonderheiten	Donnerbüchse der „eisernen“ Bauart mit Abteil der ersten und zweiten Klasse der Firma Fuchs aus Heidelberg

Das in Einzelteile zerlegte Basismodell (oben). Mit einem Vorschneider durchtrennt man die Haltestege (rechts).

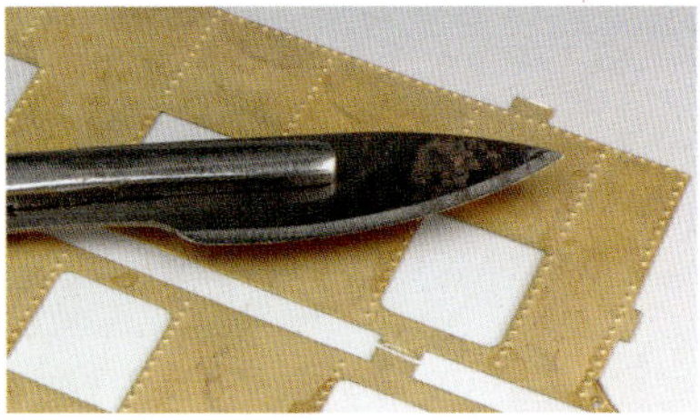

Schwer zugängliche Stege werden mit dem Skalpell durchtrennt.

Verdoppelung der Seitenwände: Hier darf sich nichts verschieben!

Nun wird eine Leiste bündig zur Oberkante angelegt und etwas Kleber aufgetragen.

tigt, der exakt in den Wagenkasten passt und ein Zusammendrücken des Wagenkastens beim Schleifen verhindert. Nun kann der Wagenkasten ohne allzu viel Druck auf einem plan liegenden Stück Schleifpapier bearbeitet werden. Danach kann der obere Teil der Seitenwände aus dem Wagenkasten getrennt werden.

Ehe mit dem Zusammenbau der neuen Seitenwände begonnen wird, bleibt zu überlegen, ob sie mit Fensterrahmen und Brüstungsleiste verlötet oder geklebt werden sollen. Wir entscheiden uns für das Kleben, da sich das dünne Blech beim Löten schnell verzieht. Die neuen Seitenwände aus Messingblech werden mit Stabilit auf den vorbereiteten Wagenkasten geklebt. Dazu sollte man das Dach provisorisch aufsetzen, um die Seitenwände exakt ausrichten zu können. Sie müssen außerdem genau mit dem Dachrand abschließen. Übergequollener Klebstoff kann mit der Spitze eines Skalpells oder der Klinge eines kleinen Schraubendrehers vorsichtig entfernt werden.

Zuletzt müssen noch die beiden Fenster in den Stirnwandtüren verschlossen werden. Hierzu eignet sich ein Stück Polystyrol mit einer Stärke von 0,5 mm. Als Extrabastelei können die angespritzten Handgriffe an den vier Ecken vorsichtig abgeschabt und durch solche aus 0,3 mm starkem gebogenem Messingdraht ersetzt werden.

Da das Dach mit Wendler-Lüftern neu bestückt wird, müssen die angespritzten Lüfter abgezwickt sowie die Nietreihen abgeschliffen

Wenn alles ausgerichtet ist, erschweren Eisenklötze die verklebten Teile.

Der Feinschliff erfolgt mit Schleifpapier mit 800er-Körnung.

Statt Löten kann das Fensterband ebenso mit Klarlack verklebt werden.

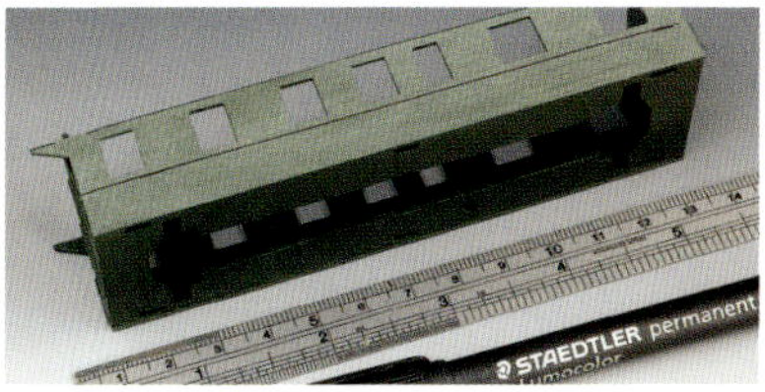

Exakt 14 mm von der Oberkante wird die Sägelinie angezeichnet.

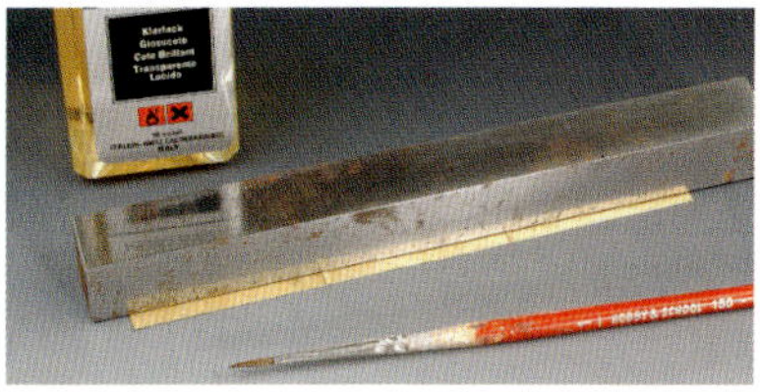

Das Fensterband wird nach dem Verkleben ebenfalls erschwert.

Mit dem Minibohrer wird das Wandteil ausgesägt.

Während des Schleifens bürgt ein Styrodurklotz für gerade Wände.

Der zurechtgesägte Wagenkasten und die neuen Wandteile

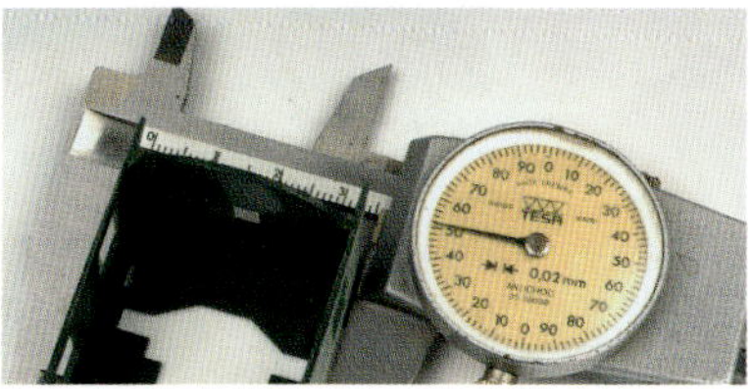

Im ersten Vorgang werden die Wände 35,5 mm breit geschliffen.

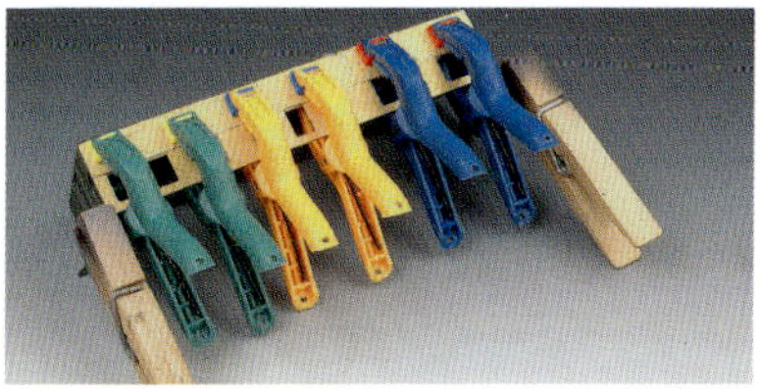

Mit Wäscheklammern wird die neue Seitenwand aufgepresst.

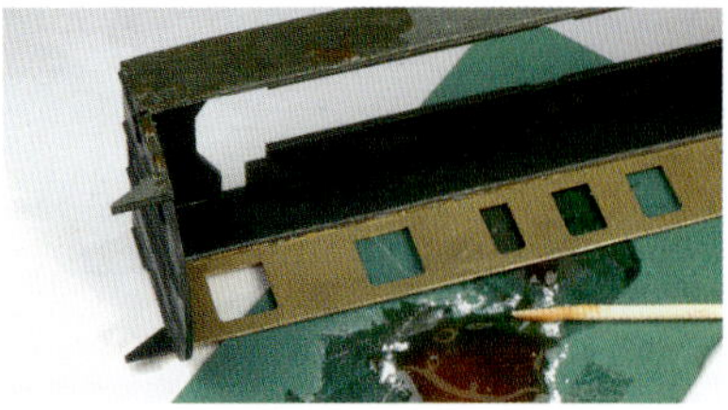

Der Kleber sollte sparsam und gleichmäßig aufgetragen werden.

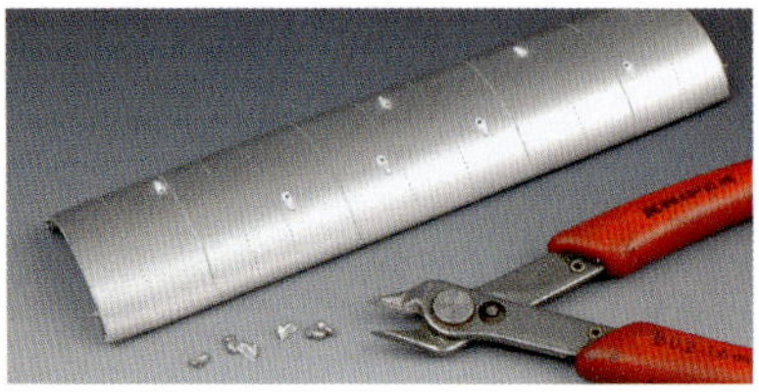

Zuerst werden vom Originaldach die Luftsauger abgezwickt.

Alle Löcher im Dach werden mit etwas Klebstoff verspachtelt.

Die Seitenwände müssen bündig an der Dachunterkante anliegen.

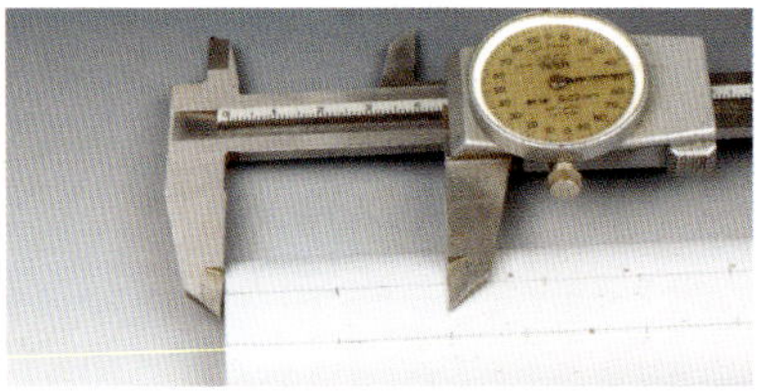

Die neuen Montagelöcher werden mit einer Schieblehre angerissen.

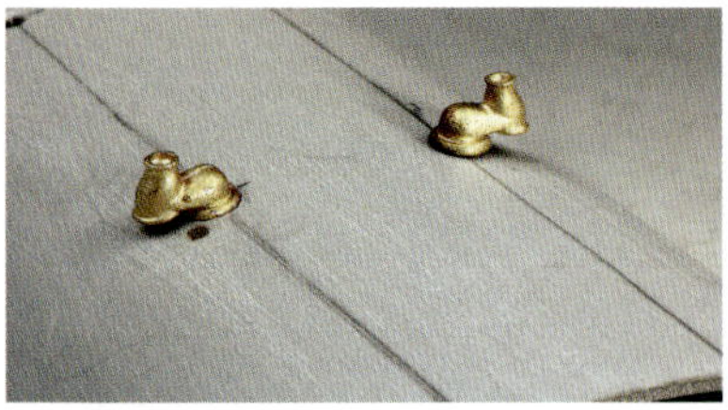

Die Lüfterwülste sollten völlig in der Dachoberfläche verschwinden.

Hierzu werden die Bohrungen mit einem 3,0-mm-Bohrer angesenkt.

Handgriffe aus 0,3-mm-Draht ersetzen die angespritzten Griffe.

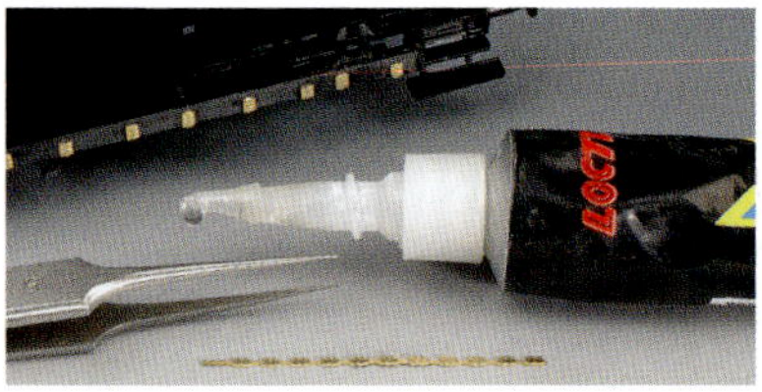

Der Langträger wird mit neu geätzten Sockelplatten bestückt.

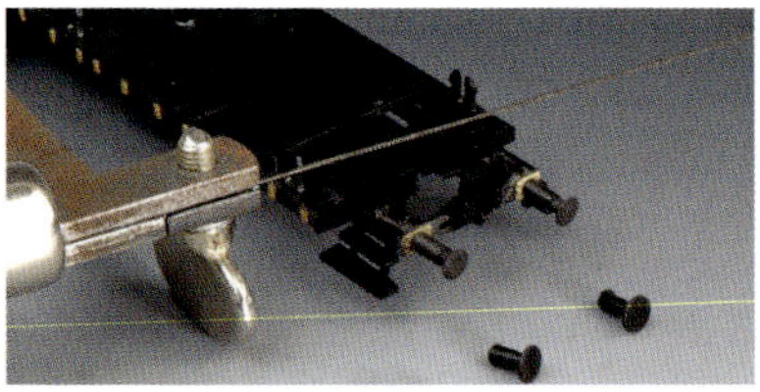

Federpuffer ersetzen die Originalteile aus Kunststoff.

werden, sodass eine glatte Dachfläche entsteht. Die entstandenen Öffnungen lassen sich mit etwas Stabilit verschließen. Gemäß der Bauanleitung wurden zwölf 1,3-mm-Löcher in das Dach gebohrt; mit einem 3-mm-Bohrer wurden sie vorsichtig geweitet, damit die kleinen Wülste an den Lüftern etwas tiefer im Dach verschwinden konnten. Der ABi-21 hat eine andere Inneneinteilung als das Basismodell, daher muss im Bereich der 2. Klasse eine Reihe Bänke ergänzt werden. Die Inneneinrichtung wird dazu so zersägt, dass sich die Sitzreihen so weit zusammenrücken lassen, dass eine weitere Reihe eingefügt werden kann.

Neue Bänke lassen sich recht einfach aus einigen Polystyrolstreifchen „schnitzen". Der Wagen erhält nach dem Grundieren einen Anstrich in „Flaschengrün" (RAL 6007), der bei der DB bis 1958 üblich war. Das komplette Fahrwerk wird schwarz (RAL 9005), das Dach „graualuminium" (RAL 9007) gespritzt. Für eine vorbildgerechte Beschriftung wird man bei Gaßner fündig. Allerdings muss dabei gestückelt werden; die Anschrift mit der Wagennummer 36020 wurde aus den Sätzen P324 und P327 zusammengesetzt (für eine Epoche-II-Beschriftung sind P222 und P241 erforderlich).

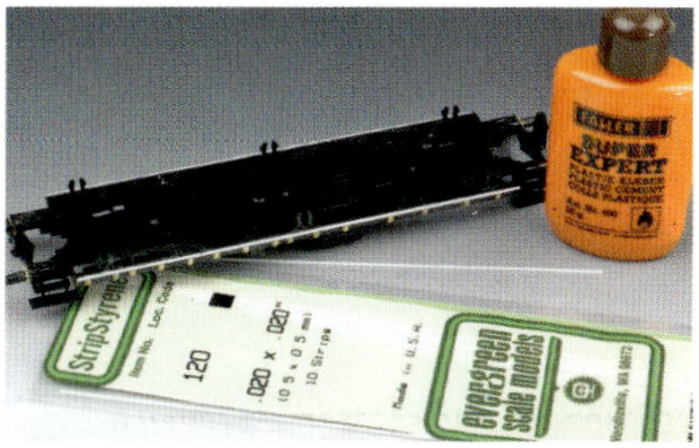

Abschließend wird der Langträger mit einer Leiste (0,5 x 0,5 mm) ergänzt.

Die Inneneinrichtung wird – ausgenommen die Sitze an der Abortwand – auseinandergesägt.

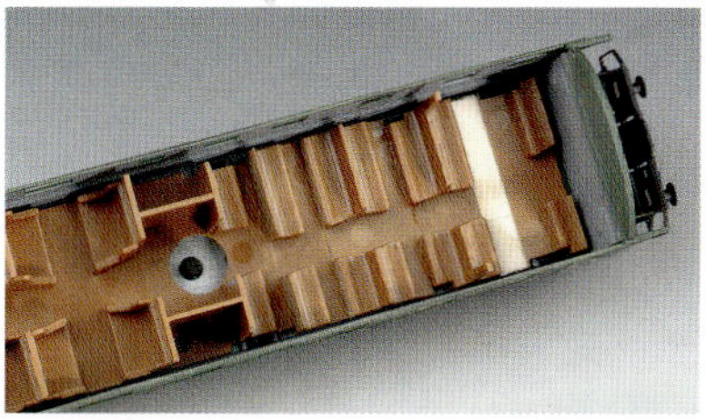

Nach der Anpassung passt alles wieder wie gegossen.

Die Lackierung erfolgt mittels dem Airbrush (links).

Das Ausgangsmodell vor dem Umbau (rechts)

Zwei Schwestermaschinen, fotografiert vor fränkischer Kulisse: rechts die GtL 4/4 2552 (Ursprungsversion) und links die GtL 4/4 2648 (abgeänderte Variante)

Die grünen GtL 4/4

Metamorphose einer bayerischen Lokalbahn-Dampflok

Steigendes Verkehrsaufkommen auf vielen bayerischen Strecken mit ungünstigen, besonders engen Radien bis zu 200 und 150 m auf der Strecke – in manchen Bahnhöfen vermutlich noch enger – sowie Rampen von 1:60, 1:50 bzw. 1:40 führten zur Entwicklung vierfach gekuppelter Lokomotiven, die die älteren, unwirtschaftlichen Vorgängerinnen (wie die BB II, D VIII und D XI) ablösen sollten. Nach Ansicht der damaligen Experten kam für eine Neuentwicklung nur eine Lokomotive mit vier gekuppelten Achsen in Betracht. Also entstand mit der GtL 4/4 die erste bayerische Lokalbahn-Lokomotive mit einem Heißdampftriebwerk und einem Rauchrohrüberhitzer der Bauart Schmidt. Sie erfüllte mit ihrer Leistung von 450 PSi die gestellten Anforderungen. Der Bau der ersten beiden Lokomotiven mit den Bahnnummern 2551 und 2552 begann unter der Regie des damaligen Chefingenieurs von Helmholtz am 11. Oktober 1911 bei der Krauss & Comp. in München. Zu jener Zeit kosteten die Lokomotiven – mit je einem Paar Schneepflug – 42.000 Mark. Sie wurden am 30. April 1912 durch die K.Bay.Sts.B. abgenommen. Nach einer erfolgreichen Erprobung der beiden Maschinen folgte am 8. Mai 1914 die erste Anlieferung von einem Baulos von elf Lokomotiven. Die GtL 4/4 war eine gelungene Konstruktion, nur die Höchstgeschwindigkeit musste auf 40 km/h begrenzt werden, da der Lauf bei höheren Geschwindigkeiten unruhig wurde. In den Jahren 1920 bis 1927 folgten in mehreren Baulosen weitere 104 Lokomotiven, die auf fast allen bayerischen Nebenstrecken zu Hause waren. Mit dieser Gattung und dem hieraus hervorgegangenen Umbau 9811 (bzw. der Weiterentwicklung 9810) war zugleich der Höhe- und Endpunkt bei der Beschaffung eigener Lokalbahn-Lokomotiven für die bayerischen Nebenbahnen erreicht.

Das Vorbild

Die Gattung GtL 4/4 war eine vierfach gekuppelte Länderbahn-Tenderlokomotive und wurde über mehr als ein halbes Jahrhundert bei vier einander ablösenden Bahnverwaltungen eingesetzt:

- bei der K.Bay.Sts.B. als Gattung GtL 4/4, wo sie die Bahnnummern 2551 bis 2560 trugen.
- bei der DRG unter den Betriebsnummern 98 801 bis 98 917, als Gattung L 44.11 für die Betriebsnummern 98 801 bis 98 853 und als Gattung L 44.12 für die Betriebsnummern 98 854 bis 98 917.
- bei der DB unter den Betriebsnummern 98 801 bis 98 917, als Gattung L 44.11 für die Betriebsnummern 98 801 bis 98 853 und als Gattung L 44.12 für die Betriebsnummern 98 854 bis 98 917.
- bei der Lokalbahn A.G. München unter den Betriebsnummern 80 und 81. Nach Übernahme der Lokalbahn A.G. durch die DRG am 1. August 1938 wurden sie umnummeriert in 98 1601 und 98 1602 der Gattung L 44.11.

Führerhaus-Varianten: verglaste Fenster und verschlossene Türen (oben)

Dachaufbau: anstelle des „Luftlochs“ ein großer Dachlüfter

Geänderte Zylinder: Zylinderkasten mit dahinterliegendem Trittbrett bei den später gebauten Loks (zweites Baulos)

Daraus ergibt sich eine Stückzahl von insgesamt 119 Lokomotiven, die in den Jahren von 1911 bis 1927 bei Krauss & Comp. in München gebaut wurden.

Die „privaten" GtL 4/4

Hier werden nochmals vier weitere GtL 4/4 erwähnt, die nicht an die Bayerische Staatsbahn, sondern an die Tegernsee-Bahn A.G. (TAG) und an die Lokalbahn A.G. (L.A.G.) geliefert wurden. Bei der Tegernsee-Bahn mit ihrer 1.200 m langen, 30‰-Steigung bei Gmund reichten – bei dem zunehmenden Verkehr – die alten dreifach gekuppelten Tenderlokomotiven bei Weitem nicht mehr aus. Der große Erfolg bei der Staatsbahn veranlasste die TAG, eine GtL 4/4 zu bestellen, die am 6. Juli 1914 als Lok Nr. 5 geliefert wurde. Nach zehn Jahren folgte 1924 die Lok Nr. 6 in der entsprechenden Nachkriegsausführung. Beide Lokomotiven bewährten sich hervorragend. Lok Nr. 5 wurde erst nach einem schweren Feuerbuchsenschaden im September 1958 abgestellt und einige Jahre später in Tegernsee zerlegt. Am 11. Juli 1969 kam das Aus für die andere Lok. Die von der DGEG durchgeführte Abschiedsfahrt war solch ein Erfolg, dass die DGEG sich entschloss, ab 1970 planmäßige historische Dampfzugfahrten mit der TAG Nr. 7 zu organisieren. Die Nr. 6 wurde an die Schrottfirma Schulz in München-Pasing verkauft und dort zerlegt. Auch bei der anderen privaten Eisenbahn-Gesellschaft (L.A.G.) waren die Vorzüge der GtL 4/4 bekannt. Am 23. August

Waren die ersten dreizehn Loks mit einer einstufigen Luftpumpe Bauart Westinghouse ausgerüstet (oben), so erhielten die Loks der zweiten Generation eine zweistufige Luftpumpe Bauart Knorr-Tolkien (rechts).

1921 bestellte die L.A.G. bei Krauss & Co zwei Loks für den Einsatz auf der Isartalbahn, die zwischen Wolfratshausen und Icking entlang der Isar eine 33 %-Steigung bezwingen musste. Sie wurden als Nummer 80 und 81 eingereiht, zur 98 1601 und 98 1602 umnummeriert und im Bw München–Thalkirchen stationiert. Später kamen beide Loks zum Bw Rosenheim, wo sie 1957 bzw. 1958 ausgemustert wurden.

Stationierungen der umgebauten Lokomotiven

Lok 2552 – eine der beiden Wegbereiterinnen der Gattung GtL 4/4 – wurde 1911 bei Krauss gebaut und erhielt die Fabriknummer 6448. Nach der Verstaatlichung der K.Bay.Sts.B. erhielt sie bei der DRG die Betriebsnummer 98 802 der Gattung L 44.12 und wurde bei der RBD München im Bw Passau stationiert. Ab Januar 1933 bis November/Dezember 1939 war sie – bis auf zwei Monate – im Bw Simbach stationiert; vom Januar bis März 1933 hatte sie einen kurzen Gastauftritt im Bw Mühldorf. Während des Krieges wechselte sie zur RBD Nürnberg (Schweinfurt), wo sie bis April 1944 stationiert war. Ab Februar 1945 bis zum 17. August 1948 war sie in Bamberg stationiert. Danach wechselte sie am 18. August 1948 nach Plattling. Schließlich war sie ab Juni 1950 bis zu ihrer Ausmusterung am 18. August 1954 in Passau beheimatet. Im April 1955 wurde sie in Desching verschrottet. Die GtL 4/4 – 2648 (Nachbau) wurde 1924 bei Krauss mit Fabriknummer 8287 gebaut und wurde am 29. August 1924 an die DRG geliefert, wo sie die Betriebsnummer 98 898 erhielt und – mit größter Wahrscheinlichkeit – bis 28. November 1932 im Bw Bayreuth stationiert war. Vom Februar 1934 bis 1936 war sie im Bw Rothenkirchen beheimatet. Im selben Jahr begannen die Umbauarbeiten (GtL 4/5) im RAW Weiden, bis die Lok am 15. Mai 1936 durch die DRG abgenommen und bis zum 1. September

Das Sicherheitsventil auf dem Dampfdom und die Wasserkastentritte (linke Lok) sind Relikte der später gebauten Loks.

Die „Privat"-Loks sind zwar jünger (Baujahr ab 1924), trotzdem gab es markante Unterschiede: fehlende Zylinderkasten und Trittbretter sowie andere Laternen.

1939 im Bw Rothenkirchen beheimatet war. Am 2. September 1939 wechselte sie zum Bw Bamberg, wo sie bis Mai 1944 blieb. Im Juli 1945 war sie wieder im Bw Nürnberg Hbf beheimatet; danach wechselte sie zum Bw Bamberg, wo sie von 24. November 1945 bis 31. Januar 1960 beheimatet war. Darauf war sie beim Bw Bayreuth vom 1. Februar 1960 bis 1962 und später im Bw Nürnberg Hbf bis zum 4. Mai 1964 beheimatet. Während ihres Aufenthalts im Bw Bayreuth war sie auf der Strecke Bayreuth–Kulmbach tätig. Schließlich wurde sie am 22. Mai 1964 durch die BD Nürnberg z-gestellt und zur Verschrottung an die Fa. Andorfer in Straubing verkauft. Die LAG 81 wurde 1922 bei Krauss mit der Fabriknummer 8032 gebaut und erhielt ihren ersten Einsatz auf der Lokalbahn Murnau–Oberammergau während der Passionsfestspiele. Danach war sie auf der Isartalbahn als LAG 81 tätig. Nach der Übernahme der LAG durch die

Der Schienenräumer der Urversion war robust ausgeführt.

Kohlenkasten-Varianten: links die Urversion ohne Aufsatz, die spätere Version ab 1924 in der Mitte und rechts die LAG-Version mit einem Trittbrett und zwei Kohlenkastendeckeln

DRG wurde sie in 98 1602 umgezeichnet und war bei der RBD München in Thalkirchen bis zum 1. Januar 1952 stationiert. Ab 10. Dezember 1958 wurde sie im Bw Rosenheim ausgemustert.

Versionsvergleich

Die Lokomotiven der späteren Baulose (Bahnnummer 2564 bis 2603) waren um 2.300 kg schwerer und hatten einen um 300 l vergrößerten Wasserkasten gegenüber den ersten Baulosen. Alle ab 1923 gebauten Lokomotiven zeigen folgende markante Änderungen:

- Einbau eines Druckluftläutewerks der Bauart Knorr auf dem Führerhausdach.
- das Fassungsvermögen des Kohlenkastens wurde durch einen Aufsatz vergrößert; die LAG-Lokomotiven erhielten allerdings nur ein Trittbrett am Kohlenkasten.
- Die 1-stufige Luftpumpe der Bauart Westinghouse wurde durch eine 2-stufige Luftpumpe der Bauart Knorr-Tolkien ersetzt; die LAG-Lokomotiven bekamen die 1-stufige Luftpumpe der Bauart Westinghouse.
- Am Führerhaus waren die Seitenfenster verglast und die offenen Seiten wurden durch Führerhaustüren verschlossen.
- Die Fensterumrahmungen waren nun oval (statt rund).
- Ein großer Dachlüfter kam auf das Dach.
- Die Dampfpfeife wurde vom Führerhausdach auf den Kessel verlegt und das zweite Sicherheitsventil war nun auf dem Dampfdom montiert.

Bei vielen privaten Loks waren die Radreifen metallisch blank poliert oder silber abgesetzt.

- Auf dem linken Umlauf entfiel die Schmierpumpe samt Antriebswellen.
- Auf beide Zylinderblöcke wurde ein zusätzlicher Zylinderkasten gesetzt.
- Ab der Betriebsnummer 98 901 wurden an der Pufferbohle Hülsenpuffer der Einheitsbauart anstelle der geschlitzten Länderbahn-Korbpuffer montiert.

Das Modell

Ein sehr schönes Modell der GtL 4/4 in der schwarzen Variante der

Das wird benötigt

Werkzeuge	Airbrush, Feilen, div. Bohrer, Bohrhalter, div. Zangen, Pinsel, feine Pinzette, feiner Schmirgel
Material	Fleischmann-Dampflokomotive der Baureihe 98.8, Umbausatz je nach gewünschter Bauartversion von Reitz Modellbau, Faulhaber-Motorumrüstsatz von SB Modellbau, div. Farben, Grundierung, Sekundenkleber
Schwierigkeit	3 (Vorerfahrung nötig)
Zeitbedarf	2 Tage
Besonderheiten	Außerst detaillierte Lokmodelle mit sehr guten Laufeigenschaften auf Basis eines Großserienmodells

Basismodell für alle Umbauten: das Fleischmann-Modell der BR 98.8 (Art. Nr. 4098) in der DRG-Ausführung. Das DB-Pendant (Art. Nr. 4099) ist ebenfalls als Basismodell geeignet.

DB und DRG hat Fleischmann 1990 auf den Markt gebracht. In einer einmaligen Auflage kam zudem im Jahre 1993 eine grün-schwarze Länderbahn-Variante der K.Bay.Sts.B. Der vorliegende Beitrag will sich gleich mit zwei Umbauten beschäftigen. Zunächst entsteht eine grün-schwarze Länderbahn-Variante aus dem Jahr 1923 und des Weiteren wird ein Rückbau in die Ursprungsversion von 1911 vorgenommen. Ausgezeichnete Umrüstsätze bietet die Firma Reitz-Modellbau an. Lediglich auf den Hülsenpuffer wurde verzichtet, da sich der Umbausatz auf die GtL 4/4 2648 bezieht, die noch die alten 2-fach geschlitzten Korbpuffer der Länderbahnära aufweist.

Der Umbau

Exemplarisch sind im Folgenden die Änderungen beschrieben, wenn eine GtL 4/4 in den privaten grün-schwarzen Maschinen der LAG benötigt wird. Der Zurüstsatz verfügt über folgende markante Details:

- Schienenräumer mit Besen
- Aufsätze für die Zylinderblöcke
- Trittbretter auf dem Umlauf zum Schutz der Steuerungsstangen
- Gelenkwellen
- Heizanschluss an der Pufferbohle
- 2-fach getrenntes Trittbrett für den Kohlenkasten
- Tritte für den Wasserkasten und Abläufe für die Regenrinne vom Dach

Aufgrund der ausführlichen Bauanleitung kommt jeder Bastler zu einem zufriedenstellenden Ergebnis. Hier nochmals die wichtigsten Arbeitsgänge. Zunächst wird das Gehäuse in folgende Gruppen zerlegt: je nach Version Führerhausdach mit hinterer Wand oder Führerhaus mit Stirnwand, Kessel mit Wasserkasten, Umlaufblech, Zylinder und vordere Pufferbohle. Das Fahrwerk muss völlig zerlegt werden, wenn feine Radspurkränze nach RP-25-Normen gewünscht werden. Diese Arbeiten sollte man lieber einer Fachwerkstatt anvertrauen, da zum Wiederaufziehen der bearbeiteten Räder eine Anzahl von Spezialwerkzeugen benötigt wird. Nach diesen Arbeiten kann die Lokomotive der Bauanleitung und den Zeichnungen folgend weiter zugerüstet werden. Dabei sind Detailstudien und Vorbildfotos sehr hilfreich. Sobald alle Teile sorgfältig mit einem kunststofffreundlichen Reinigungsmittel oder etwas lauwarmem Wasser (inkl. einem Spritzer Spülmittel) gereinigt sind, können sie im bayerischen Farbkleid lackiert werden. Sehr gute Erfahrungen wurden dabei mit den Lacken von Bavaria und

Weinert erzielt. An dieser Stelle noch ein Tipp zur Messingblech-Ätzbeschriftung: Da die Beschriftungen von Reitz aus nur 0,1 mm dicken Messingblech geätzt – und daher sehr empfindlich – sind, empfiehlt es sich, die Ätzplatine vor weiteren Arbeiten zuerst mit etwas Klebeband auf einer festeren Unterlage (z. B. dünne Pappe) zu verkleben. Nun kann die Beschriftung mit einer Spritzpistole lackiert werden. Wegen eines zu dicken Farbauftrags ist von einer Pinsellackierung abzuraten. Nach der Lackierung muss die erhabene Schrift mit sehr feinem Schleifpapier (minimal 800er-Korn) freigelegt werden. Durch die vorhin beschriebene Maßnahme kann sich hier praktisch nichts verschieben oder verbiegen. Anschließend werden die Ätzschilder an der Lok befestigt. Man gibt einen kleinen Tropfen klaren Mattlack auf die Rückseite des Schildes, bringt das Schild in die richtige Position und drückt es dann leicht an. Was den Rückbau in die Ursprungsversion betrifft, so gelten ebenfalls die grundsätzlichen Verfeinerungsmöglichkeiten. Der entsprechende Umrüstsatz hat eine sehr gute Bauanleitung, die hier abgebildeten Aufnahmen helfen zusätzlich.

Auf diesem Bild sind die Bauart-Unterschiede zwischen der Urversion und der Nachkriegsproduktion sehr deutlich erkennbar.

5 Feinheiten

Superfeine Geländer

Maßstäbliche Balustraden aus 0,3 mm dünnem Stahldraht

Auf Brücken, an Gebäuden und entlang vieler Gehwege ist die Aufstellung eines Geländers aus Sicherheitsgründen oder als Abgrenzung oft unentbehrlich. Im Modell sind viele verschiedene Arten von Geländern anzutreffen, oftmals jedoch in nicht gerade maßstäblicher Ausführung. Auch das Geländer des Wasserturms Ottbergen von Kibri ist etwas zu grob ausgefallen und kann mit wenig Aufwand durch eine Neukonstruktion aus feinen Messingguss-Pfosten und 0,3 mm dünnem, gehärtetem Stahldraht ersetzt werden.

Das wird benötigt

Werkzeuge	Diverse Bohrer, Bohrhalter, Pinsel, feine Pinzette, Reißnadel
Material	Geländerpfosten von Reitz Modellbau, 0,3 mm Stahldraht, Sekundenkleber, diverse Farben
Schwierigkeit	1 (einfach)
Zeitbedarf	1 Tag
Besonderheiten	Hierbei handelt es sich um ein superfeines Geländer, das sich in unterschiedlichen Ausführungen an vielen Stellen auf der Modellbahn verwenden lässt

Im Vergleich zum mächtigen Wasserturm erscheinen die Jugendlichen am filigranen Geländer wie Zwerge.

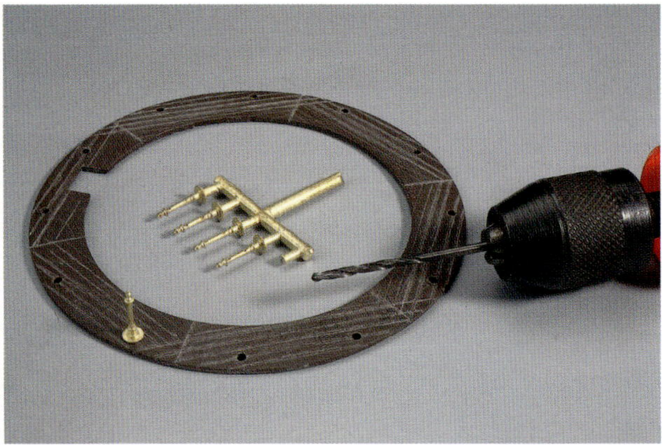

An den Umlauf werden zwölf Bohrungen angebracht, angeordnet wie die Ziffern einer Uhr.

Die Aufnahmebohrungen müssen unbedingt von der Unterseite angesenkt werden.

Das Originalgeländer, das dem Wasserturm-Bausatz beiliegt

Zunächst werden die Drahtdurchführungen der neuen Pfosten mit einem 0,35 bis 0,4 mm starken Spiralbohrer etwas nachgebohrt, damit sich die Drähte später ohne allzu viel Mühe einfädeln lassen. Danach bringt man mit der Minibohrmaschine insgesamt zwölf Aufnahmebohrungen von etwa 2 mm Durchmesser in gleichen Abständen in den Turmumlauf ein (Winkel von 30° zur Turmachse). Von der Unterkante des Umlaufs her müssen nun die neuen Bohrungen mit einem Kegelsenker (4 mm Durchmesser) etwas angesenkt werden, damit die Unterkante des Pfostenfußes bündig mit der Unterkante des Umlaufs abschließt. Anschließend kann man die Pfosten mit ein wenig Sekundenkleber in den Aufnahmebohrungen befestigen. Idealerweise wird der Kleber von der Unterseite her zugegeben. Nach dem Aushärten, also nach etwa zwei bis vier Stunden, steht dem Einfädeln der Stahldrähte mithilfe einer kleinen Pinzette nichts mehr im Wege. Ein wenig Geschick und eine Portion Geduld sind die Voraussetzungen für diese Arbeit. Sind beide Drähte eingefädelt, können sie mit etwas Sekundenkleber noch gegen versehentliches Herausspringen gesichert werden, und schon ist das neue Geländer geschaffen. Aufgrund der besonders filigranen Ausführung erhalten die Geländerpfosten und der eingezogene Stahldraht zunächst eine Grundierung. Anschließend können sie entweder in einem dem Vorbild entsprechenden Grünton oder einer anderen dunklen Farbgebung ausgelegt werden.

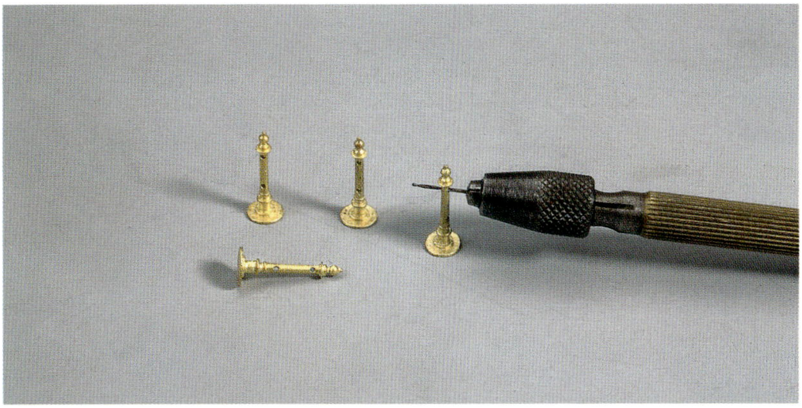

Die Bohrungen an den Geländerpfosten werden mit einem Spiralbohrer etwas aufgeweitet, damit sich die Stahldrähte bequem einfädeln lassen.

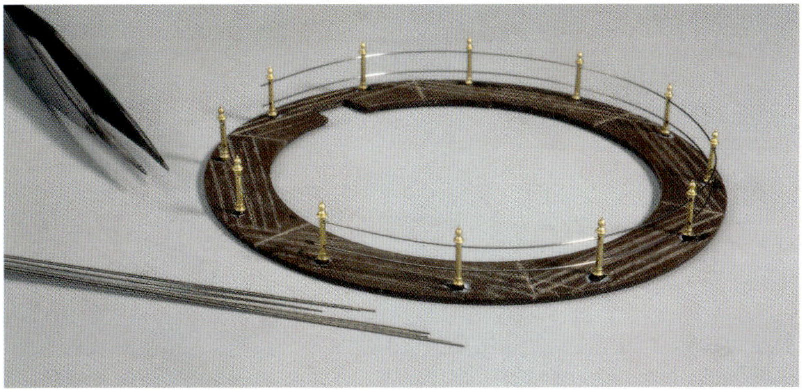

Mit einer feinen Pinzette werden die Stahldrähte durch die Pfostenbohrungen gefädelt und schließlich mit etwas Sekundenkleber gesichert.

Das neue Geländer aus Messing-Feingussteilen und dünnem Stahldraht

Bei abgehobenem Dach ergibt sich ein sehr schöner Einblick in das Innere des Stellwerks.

Innenleben eines Stellwerks

Weichenhebelbank und Fahrstraßenschrank aus Messingätzteilen

Mechanische Stellwerke sind heutzutage nur noch selten anzutreffen. Moderne elektrische und elektronische Signaltechnik hat die alten Hebelbänke und Seilzüge abgelöst, der Robustheit der bewährten Technik zum Trotz. Zubehör für die Nachbildung mechanischer Stellwerksanlagen im Maßstab H0 bietet die Firma Ostmodell an, das ab Epoche 1 eingesetzt werden kann. Damit lässt sich der Innenraum von Stellwerken vorbildgetreu mit Hebelbänken und Fahrstraßenschränken ausstatten. Eine Grubenabdeckung für die Gestaltung des Außenbereichs des Stellwerks liegt den Hebelbänken bei. Die in den Bausätzen enthaltenen Teile werden in präziser Ätztechnik aus 0,2 mm starken Messingblechen hergestellt und weisen kaum Unterätzung an den Rändern auf. Ein zierlicher Seitenschneider oder eine kleine, scharfe Schere reicht aus, um die Teile aus der Ätzplatine zu lösen. Ein nachträgliches Versäubern der Ränder der einzelnen Teile mit kleinen Schlüsselfeilen und feinem Schleifpapier sollte dennoch nicht unterbleiben. Die Löcher in den Scheiben und Hebeln sind sehr präzise ausgeführt und bedürfen keiner weiteren Nacharbeit.

Untergestelle

Die Untergestelle für die Hebelböcke und den Schrank unterscheiden sich nur in ihrer Länge. Die Ständer müssen an den Falzen genau rechtwinklig umgebogen werden, sodass zwei Seitenkanten entstehen, die man dann von innen mit etwas Lot verstärkt.

Fahrstraßenschrank

Der Schrank weist sechs Falze auf, die so gefaltet werden, dass die angeätzten Kanten immer nach außen liegen. Nach Möglichkeit sollte man alle Flächen über ein geschlif-

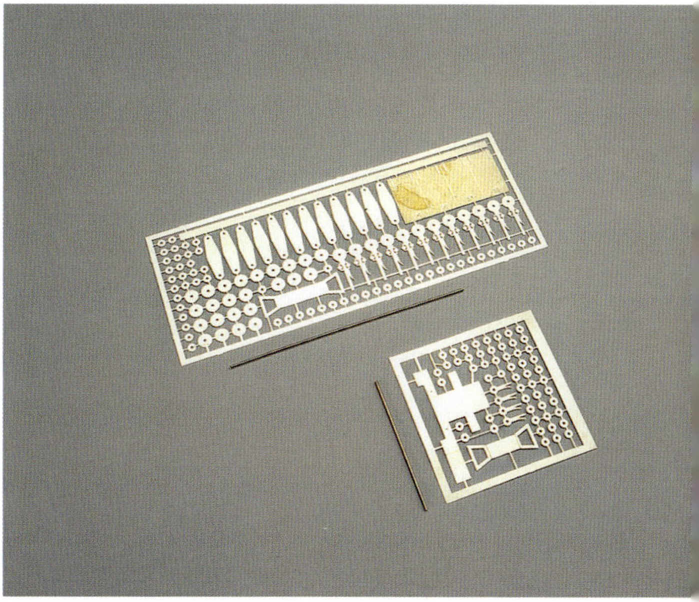

Sämtliche Teile für die Stellwerksmechanik sind komplett in feingeätzten Platinen erhältlich.

Das wird benötigt

Werkzeuge	Airbrush, Feilen, Lötkolben, div. Bohrer, Bohrhalter, Pinsel, Pinzette, Seitenschneider mit feinen Backen, Arteriepinzette
Material	Fahrstraßenschrank und Weichenhebelbank von Ostmodell (Leipzig), Lötpaste, div. Farben
Schwierigkeit	2 (nicht zu kompliziert)
Zeitbedarf	2 Tage
Besonderheiten	Sehr fein detaillierte Geräte für die Inneneinrichtung eines Stellwerks

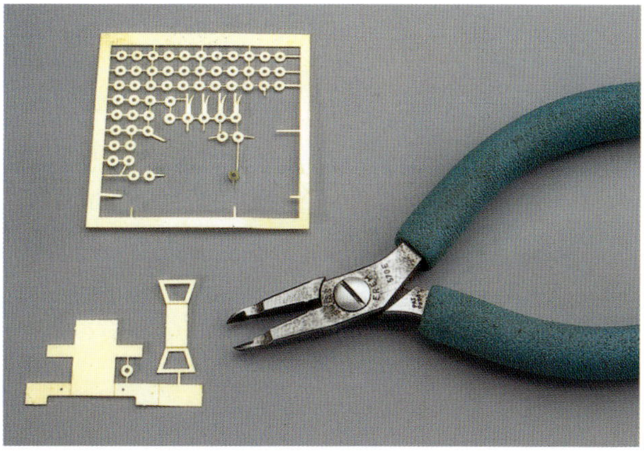

Die Bauteile werden mit einem Seitenschneider abgezwickt (oben) und anschließend über eine scharfe Kante gebogen (links).

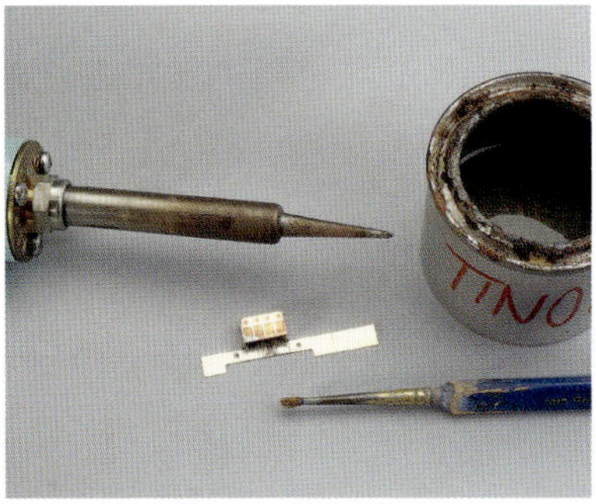

Mit Flüssiglot und Lötkolben werden die winzigen Teile verbunden (oben). Die Innenseiten der Knickstellen werden mit Lot verzinnt und auf diese Weise verstärkt (rechts).

fenes Vierkanteisen biegen. Jede Biegekante wird nach dem Knicken sofort verstärkt, indem von innen Lot aufgetragen wird. Das Unterteil des Schranks wird erst nach dem Einbau der Hebelwelle angelötet.

Hebelwelle

Vier Hebel und 48 kleine Scheiben müssen – in der gemäß Bauanleitung angegebenen Reihenfolge – mit einer Pinzette auf ein Stück Messingdraht von 1 mm Durchmesser aufgefädelt werden. Damit bereits aufgesteckte Hebel und Scheiben nicht wieder abfallen, quetscht man ein Drahtende mit einer Zange flach. Das Drahtstück mit den 52 Teilen bildet die Welle, die dann in die Rundlöcher des Untergestells montiert wird. Nach dem Anlöten des Schranks werden die vier Hebel richtig positioniert und die Welle mit etwas Lot fixiert.

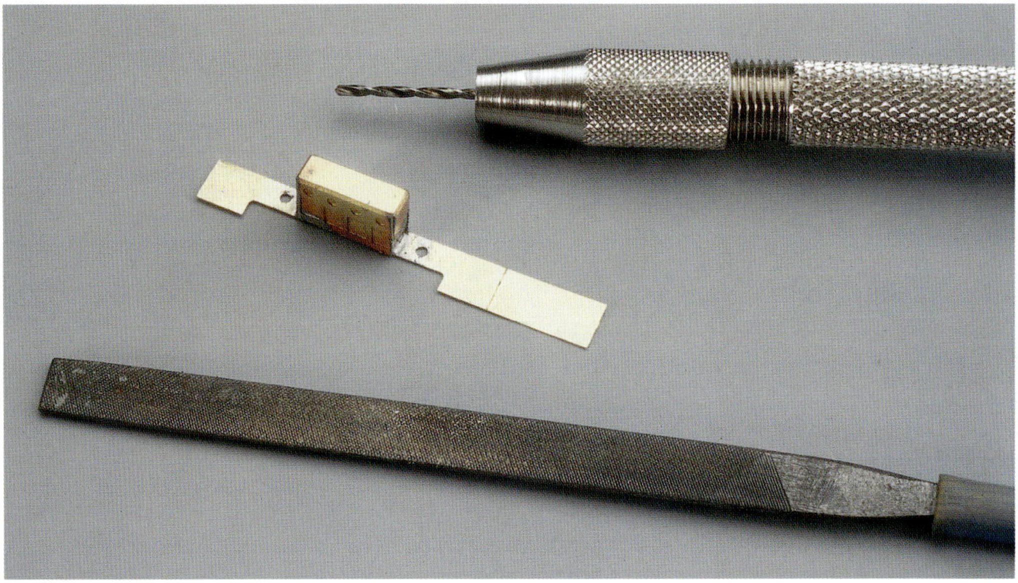

Vor dem Verlöten werden die Aufnahmebohrungen für die Welle mit einem 1,0-mm-Spiralbohrer vorgebohrt.

Weichenhebelbank

Auf einem Untergestell der Weichenhebelbank werden die fertigen Böcke samt Hebel und Scheiben montiert. Maximal neun einzelne Böcke kann man dort nebeneinander befestigen. Es dürfen auch weniger sein, denn beim Vorbild war das Untergestell meistens für mehr Böcke ausgelegt, als letztendlich zum Einbau kamen.

Hebelböcke

Die Böcke liegen dem Bausatz als flache Ätzteile bei. Lediglich die beiden Schenkel müssen exakt rechtwinklig umgebogen werden. Wegen der einfacheren Handhabung knickt man zunächst nur einen Schenkel um genau 90°, den anderen nur bis auf etwa 45° um.

Nach der Montage des Fahrstraßenschranks kann eine erste Funktionsprobe erfolgen.

Eine Geduldsprobe ist das Heraustrennen und Verschleifen der kleinen Scheiben.

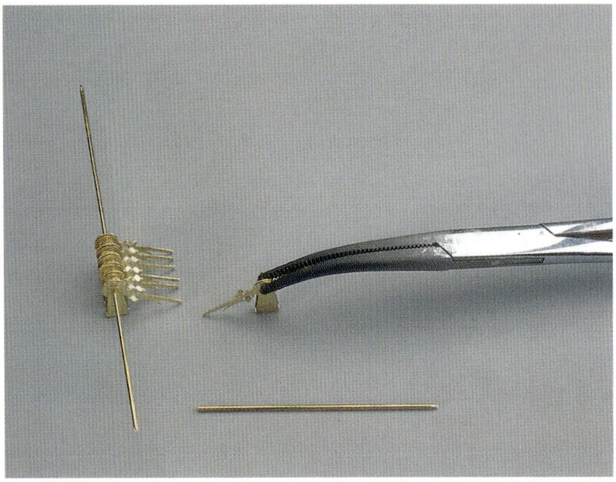

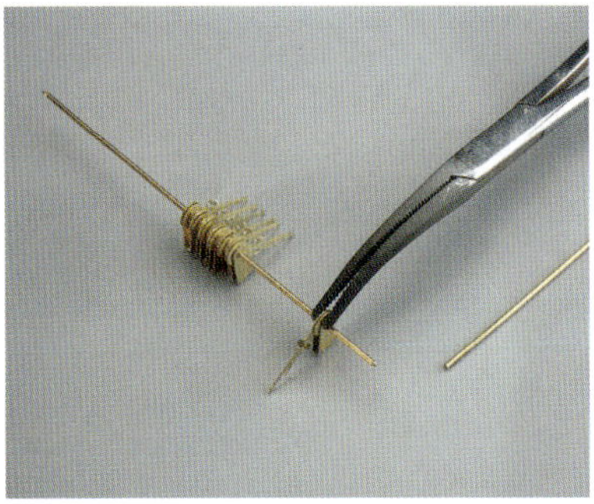

Jeder Hebelbock wird einzeln zusammengebaut (oben). Zwischenscheiben geben den einzelnen Böcken den richtigen Abstand (rechts).

Die Hebelbank wird auf das Untergestell geklebt.

So kann der Hebel, nachdem vorher die Bezeichnungstafel um 90° abgewinkelt wurde, mit drei kleinen und zwei großen Scheiben einfach auf die Hebelwelle aufgesteckt werden. Erst dann biegt man auch den anderen Schenkel auf genau 90° um. Zur Befestigung werden die Schenkel an beiden Seiten mit der Hebelwelle verlötet. Nach dem Flachfeilen der abgezwickten Wellenstummel ist der Hebelbock fertiggestellt.

Zusammenbau

Hier sind zwei Montagemethoden möglich. Entweder wird die benötigte Anzahl Hebelböcke, wie zuvor erläutert, angefertigt und umgehend auf das bereits fertige Untergestell geklebt, oder man fädelt die gewünschte Anzahl Hebelböcke auf ein längeres Drahtstück und verlötet es an den Enden mit der Hebelwelle. Um das Auffädeln der Hebelböcke zu erleichtern, werden sie erst zusammengebaut, aber noch nicht verlötet, sondern mit einer Klemme zusammengehalten. So lässt sich die Welle herausziehen und der zusammengeklemmte Bock vorsichtig auf das längere Drahtstück auffädeln. Die Baugruppe wird dann auf das Untergestell geklebt. Die letztere Methode hat den großen Vorteil, dass die Hebel beweglich bleiben, was im ersten Fall nicht möglich ist.

Farbgebung

Damit die Farbe gut haftet, werden der Fahrstraßenschrank und die Weichenhebelbank vorab mit einem Pinsel und etwas Azeton gründlich gereinigt. Anschließend erhalten die Modelle der Stellwerkseinrichtung eine Lackierung in Dunkelgrau oder Schwarz, wobei eine Grundierung hier nicht unbedingt erforderlich ist. Um die feine Detaillierung nicht mit einer zu starken Lackschicht zu verdecken, verwendet man eine Spritzpistole, die mit einer Düse von 0,15 mm ausgestattet ist. Die Handgriffe der Hebel werden mit einem feinen Pinsel braun angestrichen, sodass sie holzähnlich wirken. Die kleinen Verriegelungskurbeln werden rot, die Bezeichnungstafeln der Hebelbank sowie die Vertiefungen am Schrank weiß ausgelegt. Ideal für derartige Präzisionsarbeiten sind ganz feine Rotmarderpinsel der Größen 000 und 0000.

Mit feinen Rotmarderpinseln und brauner, roter und weißer Farbe werden die Details betont.

Endgültig im Stellwerk aufgestellt, kann der Preiser-Fahrdienstleiter mit seinen Befehlen die im Bahnhof befindlichen Weichenstraßen ansteuern und so die Züge sicher weiterleiten.

Im Sortiment „Fränkische Nebenbahn-Spezialitäten" ist der Prellbock-Bausatz nach dem Vorbild des Rawie-Bocks der DRG zu finden. Wie daraus dieses exzellente Prellbock-Modell gezaubert wird, zeigt dieses Kapitel.

Das wird benötigt

Werkzeuge	Airbrush, Feilen, Lötkolben, div. Bohrer, Bohrhalter, Pinsel, Skalpell, Mini-Bohrmaschine, div. Zangen
Material	Bausatz „Rawie Prellbock" von Udo Böhnlein (erhältlich im Bahnsinn Shop von Willy Kosak) Beize, div. Farben, Lötpaste, hölzerne Schwelle, Sh-o-Signal von Petau
Schwierigkeit	1 (Vorerfahrung nötig)
Zeitbedarf	2 Tage
Besonderheiten	Besonders detaillierter Rawie-Prellbock, der wie beim Vorbild auf die Schienen montiert wird

Der Rawie-Bock

Exzellenter Prellbock-Bausatz in H0

1882 gründete Franz Rawie in Osnabrück ein Unternehmen, das sich auf die Fertigung von Bremsprellböcken spezialisierte. Im Sortiment seiner „Fränkischen Nebenbahn-Spezialitäten" bietet Udo Böhnlein einen Prellbock-Bausatz nach dem Vorbild des Rawie-Bocks der DRG an. Wie aus diesem Bausatz ein exzellentes Prellbock-Modell gezaubert wird, zeigt dieses Kapitel.

Die Ätzplatinen enthalten Knotenbleche, Montagerahmen, Bohrschablonen und Beilegescheiben. Nicht enthalten sind Bolzenimitate mit Muttern (Schlüsselweite 0,5 mm) sowie Code-55- bzw. Peco-Z-Profile. Die Profile der Querverbindung wurden beim Vorbild mit Knotenblechen verschraubt. Auf der Ätzplatine sind passende Bohrschablonen vorhanden. Beim Bohren empfiehlt sich eine Klebeband-Fixierung. Die Schienenprofile (ein Code-55-Profil und ein Peco-Z-Profil von je 14,5 mm Länge sowie zwei Peco-Z-Profile von je 13,9 mm Länge) müssen sich leicht in die vorgesehenen Schlitze einschieben lassen.

Zum Auflöten der Profile auf die Knotenbleche des Querverbunds ist ein spezieller Montagerahmen vorhanden. Die an der Außenseite der Platine liegenden Stege werden mittels Seitenschneider, die mehr in der Mitte gelegenen Stege werden mit einem Skalpell durchtrennt. Die kleinen Positionierungshilfen biegt man vorerst um 180° um. Bitte nicht versehentlich mit anlöten!

Als Erstes wird das 14,5 mm lange Code-55-Profil auf die drei vorderen Knotenbleche gelötet. Im Anschluss daran ist der dreieckige Haltesteg zu entfernen. Dann erst können die übrigen Peco-Z-Profile verlötet werden. Gleich danach biegt man die Positionierungshilfen wieder zurück. Nun können der Querverbund aus dem Ätzrahmen gelöst und die Haltestege sauber vom Montagerahmen getrennt werden. Achtung: Nicht die Montagezapfen kürzen! Nachdem alle Schraubbefestigungen der Profile durch eingelötete, leicht nach oben überstehende, 0,3 mm große Drahtstifte angedeutet sind, legt man den soweit fertigen Querverbund zunächst zur Seite.

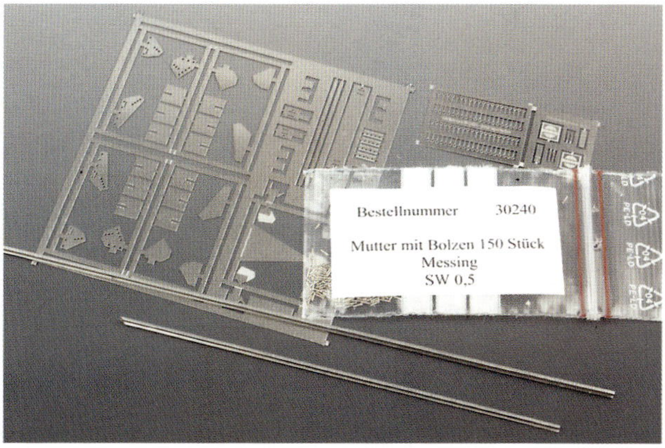

Die Ätzplatinen des Rawie-Prellbocks: Neben einigen Code-55- und Z-Gleisprofilen von Peco müssen auch noch ca. 70 Miniaturbolzen, Schlüsselweite 0,5 mm, beschafft werden.

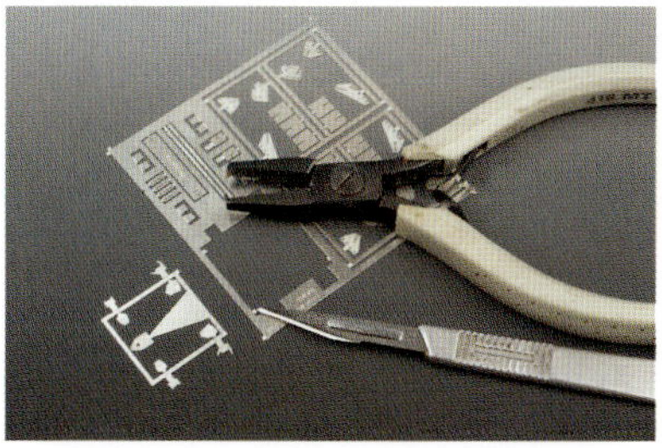

Mit einem Vorschneider können die Stege, die kurz am Rande der Platine liegen, durchgetrennt werden, mit einem Skalpell die mehr in der Mitte gelegenen.

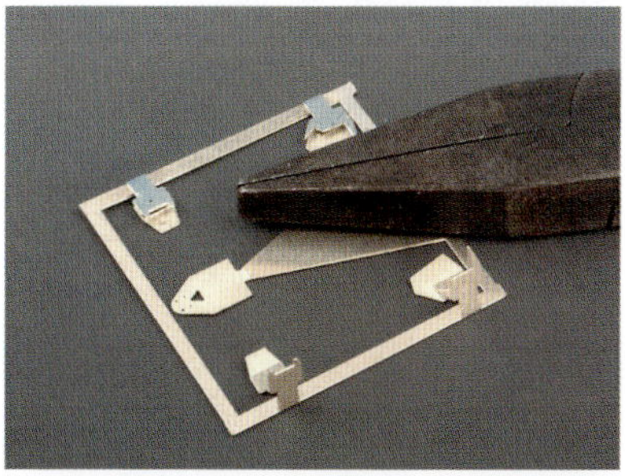

Am Montagerahmen für den Querverbund müssen die kleinen Positionierungshilfen vorerst um 180° umgebogen werden. Sie dürfen beim anschließenden Verlöten der Schienenprofile nicht gelötet werden.

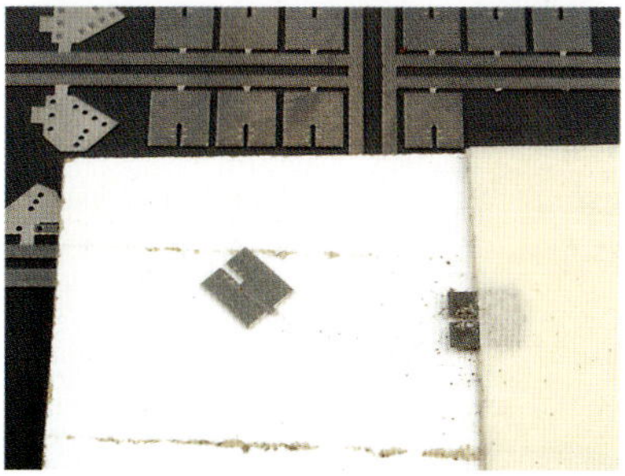

Die Profile sind im Original an den Enden jeweils mit Knotenblechen verschraubt. Um die entsprechenden 0,3-mm-Bohrungen präzise ausführen zu können, sind auf der Ätzplatine ausreichend Bohrschablonen vorhanden.

Beim Bohren werden Schablone und Profile mit etwas Klebeband fixiert. Die Schablone wurde etwas oberhalb der Arbeitsfläche angeordnet, sodass sich der Schienenfuß ohne Probleme in den Schlitz einschieben lässt.

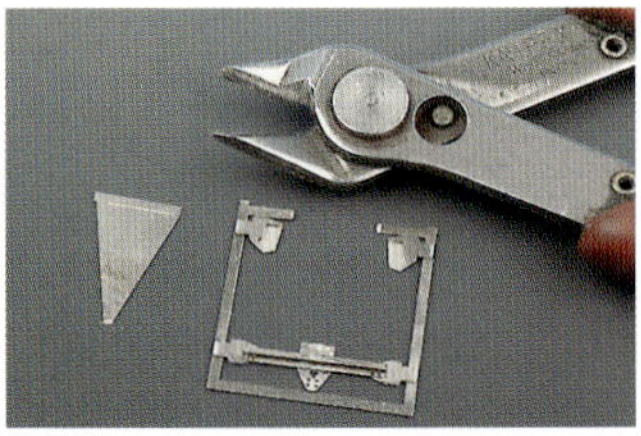

Als Erstes wird das Code-55-Profil auf die drei Knotenbleche gelötet. Im Anschluss ist vorerst der große Haltesteg zu entfernen, bevor die übrigen Peco-Z-Profile verlötet werden dürfen.

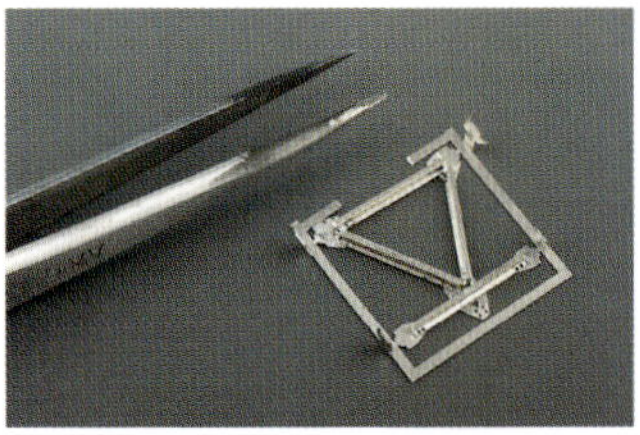

Wenn alle Profile verlötet sind, werden die Positionierungshilfen zurückgebogen. Dann kann der Querverbund aus dem Ätzrahmen gelöst werden.

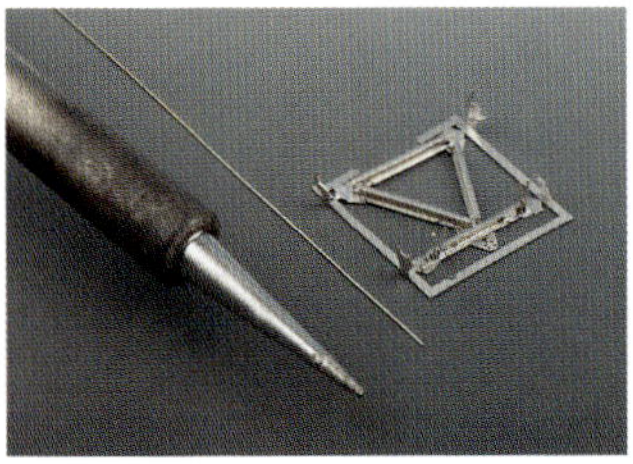

Die Schraubbefestigungen der Profile werden durch eingelötete und etwas nach oben überstehende, 0,3-mm-Drahtstifte angedeutet.

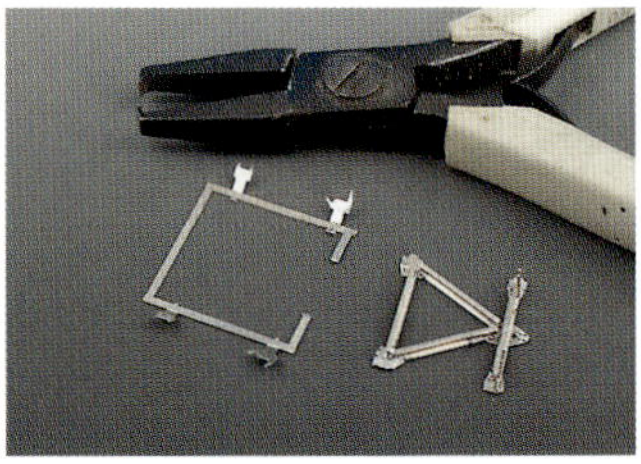

Als Letztes werden die Haltestege vom Montagerahmen sauber durchtrennt – ohne die Montagezapfen zu kürzen.

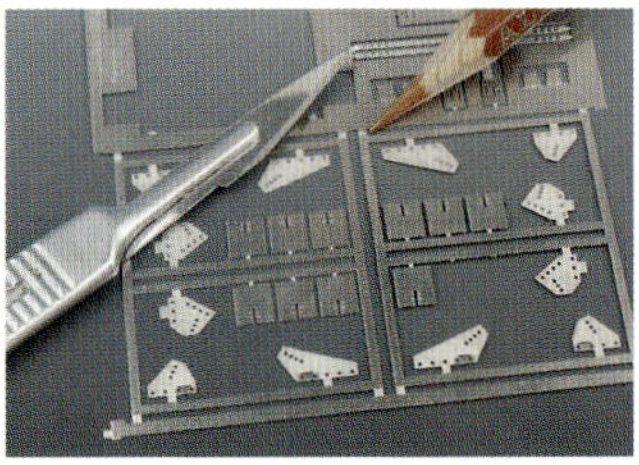

Innenliegende Haltestege werden am besten mit einem scharfen Skalpell durchtrennt.

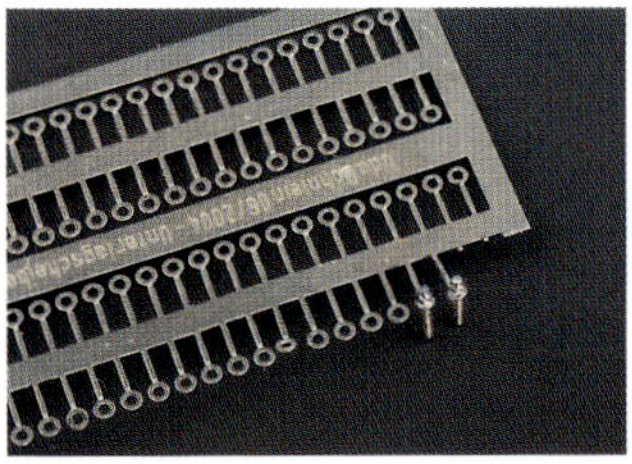

Fleißarbeit: Jeder der 62 erforderlichen Miniaturbolzen, erhältlich bei www.bahnsinn.de, muss mit einer passenden Unterlegscheibe versehen werden.

Die Miniaturbolzen werden in Reihe platziert, mit einem kleinen Streifen Klebeband fixiert und anschließend unter Zugabe von etwas Lötpaste im Knotenblech verlötet.

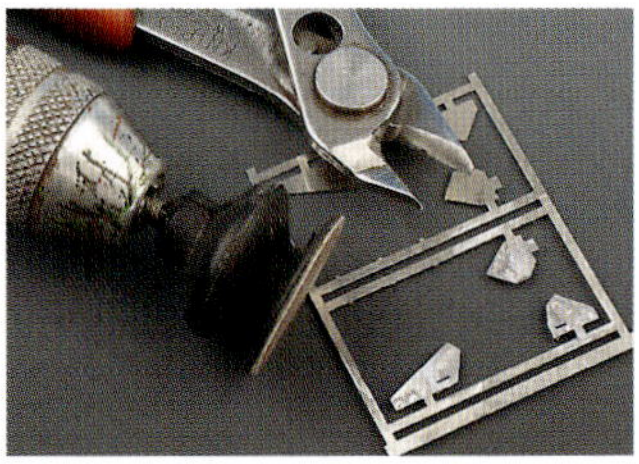

Zuletzt, nachdem alle Bolzen verlötet und die Überstände abgezwickt sind, wird die Rückseite mit einer Schleifscheibe oder feinem Sandpapier plan geschliffen.

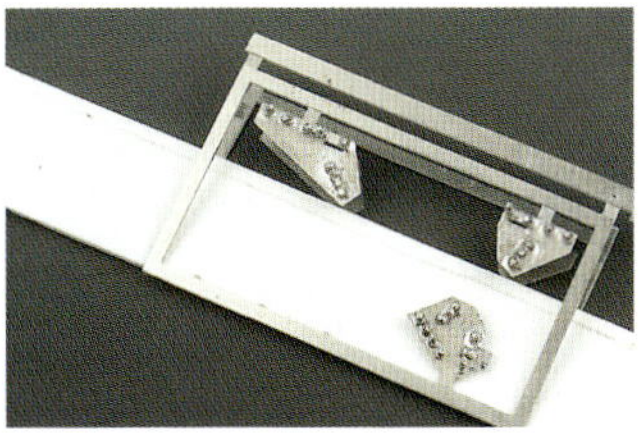

Im nächsten Schritt wird der Rahmen um 180° gefaltet. Damit er nicht gequetscht wird, wurde vor dem Falten eine 0,7 mm starke Polystyrolleiste zwischen die Rahmenteile gelegt.

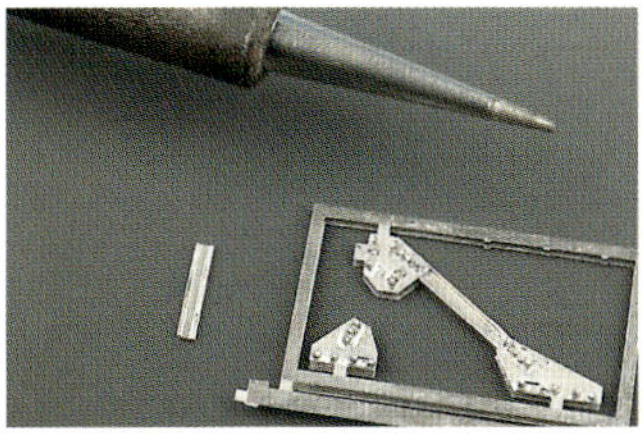

Wenn der Rahmen gefaltet ist, können die Profile eingepasst werden. Zuvor müssen die Schienenfüße auf derselben Höhe wie die Köpfe befeilt werden. An der Oberseite liegt der Schienenfuß auf beiden Knotenblechen auf.

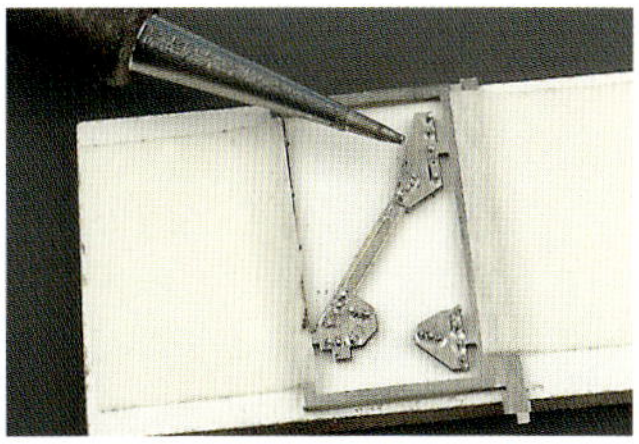

Während des Verlötens wurde der Montagerahmen mit etwas Klebeband auf der Arbeitsfläche fixiert.

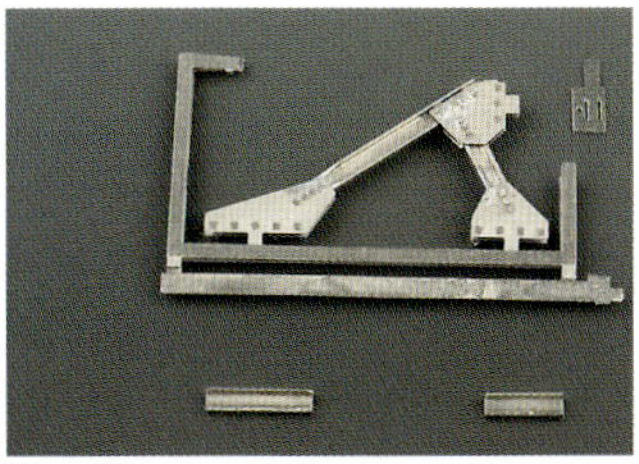

Vor dem Heraustrennen der Seitenkonstruktion ist noch die rechteckige Grundplatte zu montieren. Nach dem Heraustrennen sind an der Unterkante entsprechende Peco-Z-Profile zwischen die Knotenbleche zu löten.

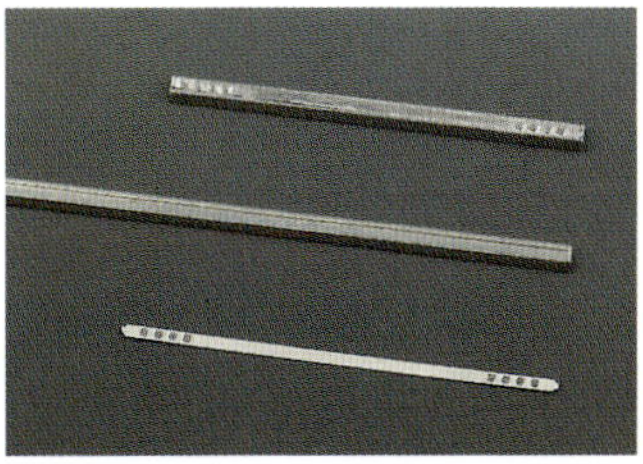

Jede Seitenkonstruktion wird auf den Schienenfuß eines Peco-Z-Profils gelötet. Dieses Profil bekommt zuerst ein Band mit den angeätzten Schraubenenden seitlich aufgelötet.

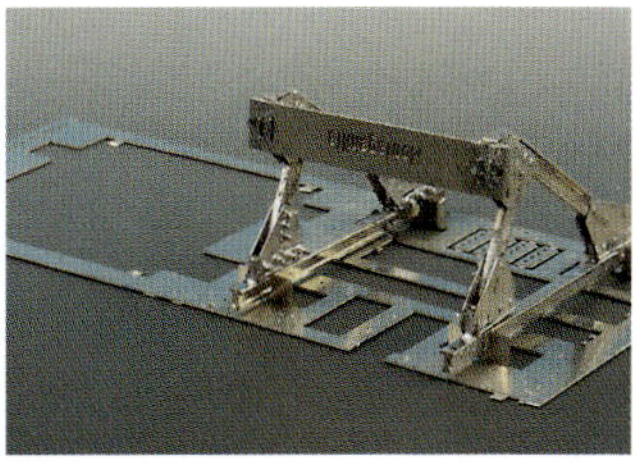

Endmontage: Hierzu ist auf der Ätzplatine eine Hilfsvorrichtung vorgesehen. Zusätzlich werden die beiden Seitenkonstruktionen noch durch eine Montagehilfe an der Oberkante fixiert.

Nachdem der Querverbund zwischen den Seitenkonstruktionen eingehängt ist – hierzu weisen die aneinanderstoßenden Knotenbleche entsprechende Montagezapfen und -schlitze auf –, können alle Teile in einem Zug verlötet werden.

Der fertige Prellbock wird vor dem Lackieren probeweise auf das Gleis gestellt.

Mit etwas grauer Farbe, beispielsweise Schattengrau von Model Master, wird der komplette Prellbock spritzlackiert.

Seitenkonstruktionen

Beim Vorbild war jede Seitenkonstruktion mit 62 Bolzen, Beilegescheiben und Muttern, verteilt über drei Knotenbleche, zusammengeschraubt. Hierzu sind einzelne Miniaturbolzen, wie es sie unter „www.bahnsinn.de“ gibt, mit passenden Unterlegescheiben zu versehen und in die Knotenbleche einzulöten. Die Knotenbleche der Seitenkonstruktion sind ebenfalls in einem Montagerahmen positioniert. Am besten fädelt man die Miniaturbolzen gruppenweise in ein Knotenblech, fixiert sie anschließend mit einem Streifen Klebeband und verlötet sie unter Zugabe von etwas Lötpaste. Sind alle Bolzen fest und die Überstände abgezwickt, wird die Rückseite sauber abgeschliffen.

Im nächsten Schritt faltet man den Montagerahmen um 180°. Um Quetschungen zu vermeiden, empfiehlt es sich, an den „Scharnierpunkt“ eine 0,7 mm starke Polystyrolleiste zu legen. Bevor man nun die Peco-Z-Profile einpasst, müssen die Schienenfüße durch vorsichtiges Befeilen auf die gleiche Höhe wie die Schienenköpfe getrimmt werden: Bei dem 8,7 mm langen Profil ist der Schienenfuß an beiden, beim 16,5 mm langen Profil nur am unteren Ende zu befeilen. An der Oberseite liegt der Schienenfuß auf beiden Knotenblechen auf. Zum Verlöten fixiert man den Montagerahmen mit Klebeband, sodass sich die Profile nicht verschieben können. Vor dem Heraustrennen der Seitenkonstruktion ist die kleine Grundplatte zu montieren, an die später die Prellschwelle angeklebt wird. Die geätzten Langlöcher bürgen für eine exakte Position. Der nur einseitig angeätzte Streifen zeigt nach oben. Er wird anschließend nach hinten umgebogen, mit dem Knotenblech verlötet und verschließt so die Lücke zwischen den Knotenblechen. Nun kann die Seitenkonstruktion aus dem Montagerahmen gelöst werden. Von unten sind die entsprechenden Peco-Z-Profile (5,5 und 7,3 mm lang) zwischen die Knotenbleche zu löten. Beide Seitenkonstruktionen müssen auf die Schienenfüße zweier um 180° gedrehter Peco-Z-Profile gelötet werden. Die 27,5 mm langen Profile bekommen zuvor entsprechend lange Streifen mit den angeätzten Schraubenenden auf eine Seite der Schienenfüße gelötet.

Der gealterte Prellbock schräg von vorne

Endmontage

Für das Montieren der drei Baugruppen (zwei Seitenteile und ein Querverbund) ist in der Ätzplatine eine Hilfsvorrichtung vorgesehen. Die Seitenteile werden an der Oberkante zusätzlich durch eine Montagehilfe fixiert. Sie hält, nachdem die Stege um 90° Grad abgewinkelt wurden, die Seitenkon-

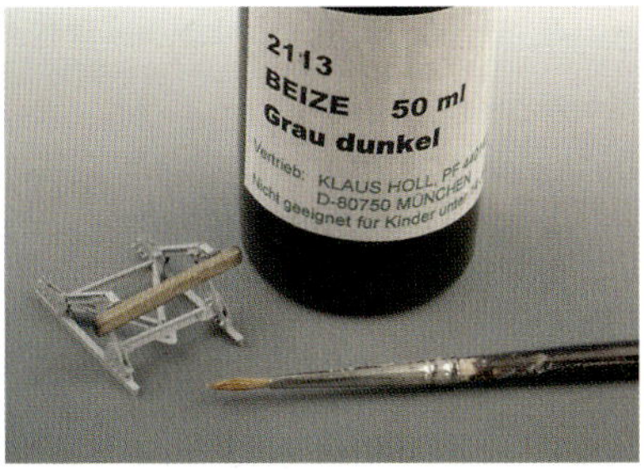

Die Prellschwelle wird mit etwas Beize, „Grau dunkel“ von Asoa, koloriert. Die Intensität des Farbtons kann durch mehrere Schichten Beize variiert werden.

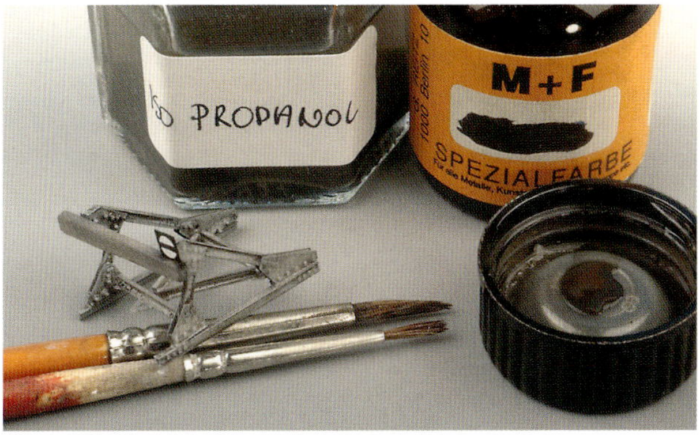

Erosion, Fäulnisse und Oxidation in Folge herrschender Wetterverhältnisse greifen die frische Farbschicht von Prellböcken schon nach einigen Monaten an. Im Modell lässt sich der Natur durch einen lasierenden Farbauftrag mit grauschwarzer Farbe nachhelfen.

Eine Sh-0-Tafel von Petau darf am fertigen Prellbock nicht fehlen; ein winziger Tropfen Sekundenklebstoff bürgt für dauerhafte Fixierung.

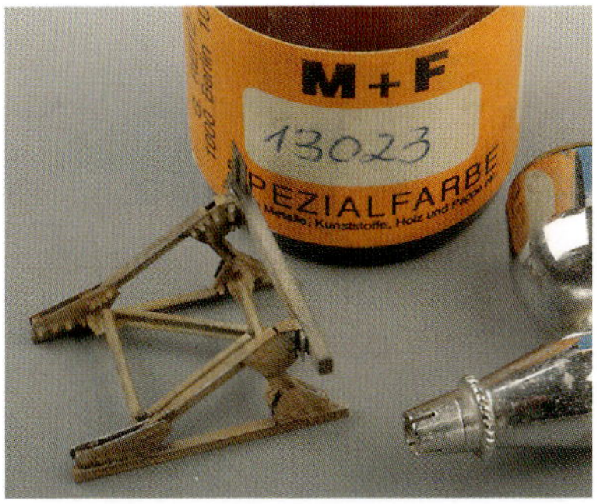

Anschließend wird der Prellbock mit einer hauchdünnen Schicht Rostfarbe übersprüht. So wird mit wenig Aufwand eine realistische Alterung erreicht.

struktionen in exaktem Abstand parallel zueinander. Die Ecken können zusätzlich noch mit Lötzinn verstärkt werden. Um den Querverbund zwischen die Seitenteile einzuhängen, weisen die Knotenbleche entsprechende Montagezapfen und -schlitze auf. Wenn alles passt, können die restlichen Teile verlötet werden. Der fertige Prellbock wird vor dem Lackieren probeweise auf das Gleis gestellt. Dem Lackieren folgt eine zünftige Alterung mit Verwitterungspuder.

Rawie-Prellbock am Ende eines Ladegleises in Stadtsteinach

Bayerische Lokstation

Gründerzeit-Idylle nach fränkischem Vorbild

Bahnbetriebswerke zu planen und zu bauen gehört zu den besonderen Vorlieben der Modellbahner. Nirgendwo sonst erlebt man den Betrieb von Lokomotiven so pur und konzentriert wie in einem Bw. Diese Mischung aus Kohle, Öl, Wasser und Ruß, leise vor sich hin gurgelnde Maschinen, nicht zuletzt die unzähligen Arbeitsabläufe machen den geheimnisvollen Reiz einer solchen Anlage aus. Zudem fand man in Bahnbetriebswerken stets alle möglichen Nebenfahrzeuge wie beispielsweise Schneepflüge oder Kranzüge.

All dies mag Grund genug sein, längst vergangene Situationen auf der Heimanlage wieder aufstehen zu lassen. Das etwa um 1869 gebaute, fiktive fränkische Bahnbetriebswerk „Rothenmarkt“ wurde um die Jahrhundertwende modernisiert. Im Modell dargestellt ist die Situation um das Jahr 1910. Zu jener Zeit wurden Drehscheibe und Schiebebühne vergrößert, um auch Dampflokomotiven neuerer Gattungen wenden und abstellen zu können. Neu entstand auch der Kohlebansen, da die Bevorratung mit Kohle und Torf im alten Brennstofflager an der Wasserstation

Die noch handbetriebene 17-m-Schiebebühne in Aktion. Recht eintönig gestaltet sich die Arbeit der Schiebebühnenwärter, die die schwere Gleisbrücke ohne Wetterschutz stets nach Bedarf hin- und herfahren müssen.

Neben der bay D VI „Donaustauf“ scheint der Inspektor gerade einen Rüffel zu erteilen.

Auf der gedeckten, handbetriebenen 16-m-Drehscheibe wird gerade eine Lok der bayerischen Gattung C VI gewendet. Lokführer und Heizer genießen die kurze Unterbrechung und schauen gemütlich zu.

nicht mehr den Erfordernissen genügte. Die alten Anlagen blieben ungenutzt und wurden zum Teil abgerissen; in die nicht mehr verwendeten Räumlichkeiten kam die Verwaltung. Im Vorfeld wurden zwei neue, dem aktuellen Stand der Technik entsprechende Wasserkräne an den Versorgungsgleisen aufgestellt. Nun können an- und abfahrende Dampflokomotiven schnell und bequem mit frischem Wasser versehen werden, was in aller Regel durch den mitfahrenden Heizer geschieht. Die noch von Hand betätigte, gedeckte Drehscheibe mit 16 m Durchmesser dient ausschließlich zum Drehen der Maschinen und liegt deshalb am Ende des Behandlungsgleises, während die ebenfalls per Muskelkraft betriebene, gedeckte, 17 m lange Schiebebühne sowohl Lokomotiven als auch Wagen in die beiderseits angeordneten Rechteckschuppen verteilt. Der zur Rechten angeordnete Lokschuppen und die Wasserstation befinden sich äußerlich noch in unverändertem Zustand. Der linke Schuppen präsen-

Ein frisch ausgebesserter Kühlwagen wartet neben der 8,5-m-Wagendrehscheibe auf die Entladung eines bayerischen Rm.

Personalmangel war noch ein Fremdwort: Einige Preiser-Hilfsarbeiter haben soeben die bayerische C VI „Tristan“ mit einer frischen Kohleladung versehen. Eine andere Gruppe ist dabei, die leeren Kohlenkörbe wieder aufzufüllen.

Durstige Lokomotiven können im Bw-Bereich an mehreren Stellen Wasser aufnehmen.

tiert sich nunmehr um ein Drittel verlängert, sein Dach wurde mit ortstypischen Biberschwanzpfannen komplett eingedeckt. Im Stil der anderen Gebäude entstand eine Reparaturhalle, in der jederzeit kleinere Arbeiten an den Dampflokomotiven durchgeführt werden können. Da das öffentliche Stromnetz den Ort noch nicht ausreichend mit elektrischer Energie versorgen kann, werden sämtliche Leuchten noch mit Gas betrieben, und bei fast allen mechanischen Arbeiten im Bw Rothenmarkt ist „echte fränkische Manneskraft“ gefragt.

Der Turm der Wasserstation überragt sämtliche Gebäude und das Vorfeld des Bw Rothenmarkt.

Mit dem Bockkran lassen sich schwere und sperrige Güter wie z. B. Lokomotiv-Ersatzteile, die oft vom Hersteller an die Bw versandt werden, durch die Hilfsarbeiter bequem und sicher entladen.

Bayerische Lokhütte

Aus einem Bausatz entsteht eine Lokremise

Laut Angaben des Herstellers Haberl & Partner stand das Original des zweiständigen Lokschuppens mit angebautem Wasserturm in Fischbach bei Augsburg an der Hauptstrecke nach Stuttgart. Es hatte den Zweck, Vorspann- oder Tauschlokomotiven, die auf dieser Strecke im Einsatz waren, unterzubringen. Leider sind keinerlei Fotos oder Originalzeichnungen mehr erhalten.

Das durchaus ansprechende Modell ist für die Epochen 1 bis 3 verwendbar. Es handelt sich um einen Kombibausatz mit folgenden Bauteilen:

- Pappe für die Innenwände und als geprägte Platte für das Sockelmauerwerk (geätzte Messingteile oder Kunststoffplatten wären dazu allerdings wesentlich geeigneter);
- gebeizte Holzprofile verschiedener Querschnitte für Verkleidung, Tore, Fensterrahmen etc., deren Maße man jedoch in der Bauanleitung nicht genau zuordnen kann;
- Kunststoffplatten für das Dach sowie für die Regenrinnen und Fallrohre;
- geätzte Messingteile für Kamine, Fenster und Türen;
- Beschläge für die Schuppentore und sämtliche Kleinteile;
- Kunststoff-Folie für die Verglasung (ist leider nicht zu 100 Prozent durchsichtig);
- eine achtseitige Bauanleitung (leider ohne nummerierte Teileliste und ohne Vorbildinformationen).

Die vielen Kohlen zwischen den Gleisen weisen darauf hin, dass sich die alte Lokremise anscheinend direkt in der Nähe eines großen Kohlenlagers befindet.

Zusammenbau

Die Bauanleitung ist bis auf die schon erwähnten Schwächen ausführlich genug, um ein gelungenes Modell zu erhalten. Wie allerdings bei Kleinserienmodellen oft nötig, muss man alle Teile nacharbeiten, und besonders die Innenwände sollten paarweise auf ihre Genauigkeit überprüft werden – eventuell gibt es sonst beim exakten rechtwinkligen Verkleben der Wände Schwierigkeiten. Auch auf die empfohlenen Eckverbindungen sollte man keinesfalls verzichten; besser für die Stabilität ist es sogar, sämtliche Wände mit Vierkantprofilen zu hinterkleben und zusätzlich ein Dachgerüst zu bauen. Hier wurde zudem die Bodenplatte aus Pappe auf ein Stück Styropor geklebt, was die Handhabung stark vereinfachte.

Wenn eine Inneneinrichtung gewünscht wird, sollte man die Innenwände und die Bodenplatte nicht färben (es besteht die Gefahr des Verziehens), sondern lieber mit einer Ziegelsteinplatte oder Ähnlichem verkleben.

Ist der Rohbau fertig, kann mit der Holzverkleidung begonnen werden. Zunächst muss man überprüfen, ob die Fensterausschnitte von der Bodenplatte aus alle dasselbe Höhenmaß aufweisen. Ist dies der Fall, wird die Holzverkleidung Leistchen für Leistchen auf die Pappe geklebt. Es empfiehlt sich, die später aufzusetzenden Fensterrahmen schon jetzt einzupassen. Da die Dachelemente nicht vorgefertigt sind und die Bauanleitung keinerlei Schnittmaße angibt, ist es ratsam, Schablonen anzuferti-

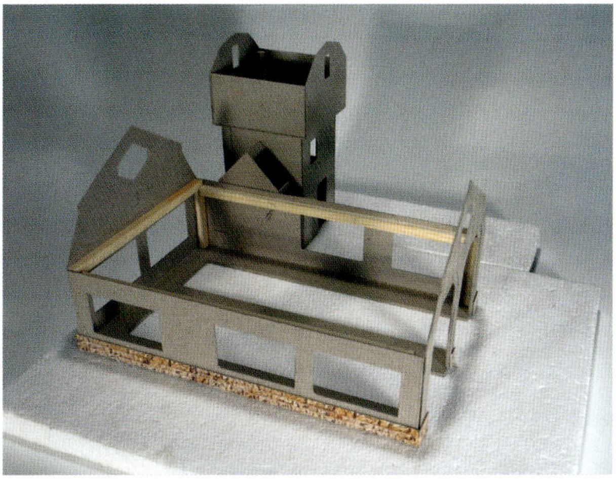

Die Innenwände bestehen großenteils aus Pappe (oben). Ohne den kleinen verdeckten Anbau und den Wasserturm wirkt der Lokschuppen sehr gedrungen (links).

Sehr fotogen zeigt sich das fertige Gebäude von der Gleisseite.

Hintere Ansicht. Hier ist das kleine Zwischengebäude sehr gut zu erkennen.

Der Fensterrahmen ist aus Holzprofilen angefertigt worden.

Wie bei allen Gebäudemodellen sorgt erst eine sorgfältige und ins Detail gehende Farbgebung für den realistischen Eindruck.

Die Lüftungsjalousien am Wasserturm und Oberlicht sowie beide Rauchabzugsschlote sind gebogene Messingätzteile.

gen, mit denen man die einzelnen Teile ausschneiden und verkleben kann. Abschließend kann man das Dach mit Regenrinnen, Fallrohren, Firstziegeln und Dachaufsatz ausstatten.

Für die Einfahrtstore sollten wieder Schablonen erstellt werden; für jedes Tor muss man zudem einen Holzrahmen anfertigen. Dann werden die einzelnen Holzleistchen

Das wird benötigt

Werkzeuge	Feilen, Lötkolben, div. Bohrer, Bohrhalter, Pinsel, feiner Schmirgel, Bastelmesser oder Skalpell, Bastelsäge, div. Zangen
Material	Bausatz zweiständiger Lokschuppen mit Wasserturmanbau von Haberl & Partner (Augsburg), Holz-, Kunststoff- und Sekundenkleber, Beize und Farben, div. Holzleisten
Schwierigkeit	3 (Vorerfahrung nötig)
Zeitbedarf	2 Tage
Besonderheiten	Lokschuppen mit angebautem Wasserturm nach einem Vorbild aus der Gründerzeit. Das Gebäude wird in einem Mischbauverfahren (Holz, Kunststoff, Pappe und Messingätzteile) aufgebaut

Reine Länderbahn-Atmosphäre: Erst die vielen niedlichen Details ergeben das richtige Umfeld für die kleine Lokhütte mit Wasserspeicher. Die preußische T 3 entstand in Eigenregie aus einer Fleischmann Lok der BR 89.

Sehr filigran wirken die zu öffnenden hölzernen Schuppentore und beide Rauchabzugsschlote.

hinter das Gerüst geklebt, um das Gerippe zu verkleiden.

Zum Schluss werden die Ätzteile der Beschläge auf dem Torrahmen angebracht.

Farbgebung

Auch dazu enthält die Bauanleitung leider keine Informationen. Bei der hier vorgestellten Version wurden folgende Farben verwendet:

- Untere Hälfte des Wasserturms: weiße Plakafarbe;
- Ecksteine: Humbrol 83;
- Grundfarbe Dach: Revell 85;
- Fenstereinsätze, Türen und Beschläge: Bavaria Bay. grün;
- Kamine: Humbrol 33.

Danach wird alles gealtert und zünftig patiniert. Den letzten Schliff erhält das Gebäude durch eine Überarbeitung mit staubiger Mischfarbe.

Fazit

Wie viele andere Kleinserienmodelle ist auch dieser Bausatz nicht an einem Nachmittag zu bewältigen. Er verlangt außerdem viel Erfahrung, vor allem, um die Lücken in der Bauanleitung zu überbrücken. Weniger Geübte sollten daher auf das Fertigmodell dieses ausgefallenen Lokschuppens zurückgreifen.

Blick vom Kohlenlager auf die Lokremise, die mittlerweile zu klein geraten ist, um die stets größer werdenden Lokomotiven abstellen zu können.

Der Köter weigert sich, dem heranfahrenden PKW aus dem Wege zu gehen, und bleibt sitzen.

Gassi gehen in H0

Hunde im Modellbahnbau

Unter den Modellfiguren fristen die vierbeinigen Freunde des Menschen noch ein Schattendasein. Dabei prägt gerade der Hund seit Langem das Straßenbild und ist deshalb eine sinnvolle Ergänzung für die Modellbahn. Doch nicht jeder Hund passt in jede Epoche, und die Auswahl an angebotenen Hunderassen ist eher gering. Der folgende Überblick soll Ihnen helfen, ein möglichst realistisches Bild der jeweiligen Epoche zu zeichnen. Dazu bieten wir praktische Tipps, wie sich Hunde in der Modellbahn einsetzen lassen und welche Modifikationsmöglichkeiten es gibt.

Zu Zeiten der Epoche I waren Hunde noch keine klassischen Haustiere. Als Nutztiere bewachten sie Haus und Hof, hielten Schafherden beisammen und halfen bei der Jagd. Lediglich von den Damen der Oberschicht wurden Hunde bereits im 19. Jahrhundert als Gesellschaftstier gehalten. Wie in den Bildergeschichten Wilhelm Buschs dokumentiert, waren Spitz und Mops zu dieser Zeit besonders beliebt. Sowohl der Großspitz, Favorit der höheren Gesellschaft, als auch der kleinere Mittelspitz, der als Wachhund auch bei einfachen Leuten lebte, waren weit verbreitet. Der Mops erfreute sich besonders in den Salons der Damen großer Popularität. In Epoche II war die Rolle des Hundes beeinflusst von Zweitem Weltkrieg und Wiederaufbau. So halfen Sanitätshunde bei der Rettung verwundeter Soldaten. Aber Hunde waren nicht nur Helfer, sondern auch Täter: An der Front wurden Hunde mit Sprengstoffladungen zu feindlichen Panzern geschickt, und die Nationalsozialisten setzten in Konzentrationslagern besonders aggressiv erzogene Hunde als Wachen ein. 80 Prozent der Kriegshunde waren Deutsche Schäferhunde. Nach dem Krieg erschnüffelten sie als Spürhunde Überlebende unter den Trümmern der Städte. Zu dieser Zeit gab es kaum Interesse am Hund als Haustier, sodass er auch auf der Modellbahn zu vernachlässigen ist. Eine Ausnahme bilden selbstverständlich Militärszenarien.

Vom Nutz- zum Haustier

In Epoche III wurde der Hund vom Nutz- zum Haustier. Das Wirtschaftswunder brachte das Bedürfnis nach etwas Luxus im Kleinen mit sich, und als solcher galt auch der Haushund. In den 60er-Jahren rückte er deshalb in die heimischen Wohnstuben vor und wurde ein Teil der Familie. Hauptprotagonisten in dieser Phase waren Dackel, Schäferhund und Pudel. Noch war der Hund allerdings als Nutztier weit verbreitet. Nur langsam änderte sich das Verhältnis und der Haushund, der nur zur Freude seines Besitzers angeschafft wurde, gewann die Oberhand. In den Epochen IV und V wurde der Hund schließlich ein Teil der Gesellschaft, der ganz selbstverständlich Häuser, Straßen und Plätze bevölkerte. Die Zahl der Hunderassen vervielfachte sich und nimmt bis heute durch Neuzüchtungen und Importe weiter zu. Die Olympischen Spiele 1972 verhalfen mit ihrem Maskottchen Waldi dem Dackel zu neuer Popularität. Gleichzeitig eroberten sich aber auch Mischlinge ihren festen Platz.

In Epoche-V-Anlagen lassen sich auch aktuelle Trends umsetzen. Zum Glück sind merkwürdige Moden wie der „Handtaschenhund" à la Paris Hilton oder die in Amerika ebenso beliebten „Designerdogs" – etwa der „Schnoodle", eine Kreuzung aus Schnauzer und Pudel – im deutschsprachigen Raum bislang kaum angekommen. Dafür ist ein Trend aus Großbritannien mittlerweile sehr verbreitet: Hundesport. Vom Hundefrisbee über „Agility", einen Geschicklichkeitsparcours für sportliche Hunde, bis hin zum „Dogdance" hat sich hierzulande eine wachsende Hundesportgemeinde entwickelt. Besitzer einer Modellbahn der Epoche V können diese Trends durchaus in ihre Anlagen integrieren.

Und im Modell?

Das Angebot an Hunden im Sortiment der einschlägigen Fabrikanten erweist sich als eher bescheiden. Außer in den wenigen Haustiersets, die in H0 zur Verfügung stehen, gibt es kaum spezielle Hundefiguren zu kaufen – es sei denn als Beigabe zu Figurenpackungen. Es lohnt sich also angesichts der begrenzten Auswahl und der damit verbundenen mangelnden Vielfalt, über Änderungen oder Verfeinerungen nachzudenken. Allerdings haben die meisten Modellbahner am Anfang möglicherweise Bedenken, den winzigen Vierbeinern mit den entsprechenden Werkzeugen auf den Leib zu rücken, weil die

Das wird benötigt

Werkzeuge	Kleiner Föhn, div. Feilen, Sandfeilen, scharfes Bastelmesser oder Skalpell, Pinsel, Wäscheklammer
Material	Diverse Vierbeiner im Maßstab H0 von NOCH oder Preiser, Farben, Kunststoff- und Sekundenkleber, 0,2 mm Kupferlackdraht
Schwierigkeit	1 (einfach)
Zeitbedarf	1 Tag
Besonderheiten	Individuell gestaltete Hunde ergeben Abwechslung

Feinarbeit ein bisschen Geschick erfordert oder weil sie fürchten, nicht das richtige Werkzeug zu besitzen. Dabei braucht es gar nicht viel mehr als einige herkömmliche Werkzeuge: einen Seitenschneider, einige Sandfeilen, einen Bohrhalter mit einigen Spiralbohrern, Kunststoffkleber sowie ein scharfes Bastelmesser. Diese Werkzeuge sind in fast jeder Modellbahnwerkstatt vorhanden. Dazu kommen noch etwas Hobbyfarbe und einige feine Pinsel. Mit ein wenig Fantasie und Anregungen aus dem Alltag steht der Umgestaltung unserer vierbeinigen Hausgenossen nichts mehr im Wege, die Möglichkeiten sind fast grenzenlos.

Modifikationen der Körperhaltung

Eine leicht zu praktizierende Methode ist das Amputieren und Neuansetzen von Füßen und Schwanz, womit das Aussehen der Haustiere, vor allem ihre Körperhaltung, ein wenig geändert werden kann. Die mit einem scharfen Hobbymesser oder vorzugsweise einem Skalpell abgetrennten Gliedmaßen können, sofern sie beim Entfernen nicht zu stark deformiert wurden, mit einem winzigen Tropfen Kunststoffkleber wieder an den Körper der Vierbeiner angeklebt werden – in leicht veränderter Ausrichtung. So entsteht auch bei einer größeren Zahl von Vierbeinern auf der Anlage die nötige Vielfalt. Hierbei sollte der Klebstoff sehr sparsam mit einem alten Pinsel dosiert werden. Ein Zuviel an Klebstoff quillt beim Zusammenpressen der Teile spontan nach außen und hinterlässt unschöne Flecken auf dem „Fell" der Tiere.

Am Herstellerangebot mangelt es nicht: Sowohl NOCH als auch Preiser führen ein umfangeiches Angebot in ihrem Programm.

Vierbeiner lassen sich mit alltäglichen Werkzeugen bearbeiten.

Plastische Modifikationen am Hundekörper können mit einem kleinen Föhn ausgeführt werden.

Für möglichst sauberes Arbeiten sind dünnflüssige Hobbyklebstoffe oder Sekundenkleber die beste Wahl. Alternativ können Azeton und das (hochgiftige!) Trichlorethylen verwendet werden, die viele im Modellbau verwendete Kunststoffe auflösen und durch diese Eigenschaft hervorragende Klebstoffe sind. Eine weitere Möglichkeit,

Mit elastischen Klebstoffen, z. B. „Hin & Weg Kleber“ von NOCH, kann der Standort des Vierbeiners beliebig oft gewechselt werden.

Beim rechten Hund wurden die Beine plastisch verformt.

Auch Kunststoffspritzguss hat seine Grenze: Das Originalband hat eine Stärke von etwa 0,8 mm; umgerechnet wären das satte 70 mm!

Hunde zu ändern, ist das plastische Verformen der Tiere. Voraussetzung dafür sind rudimentäre Grundkenntnisse in Anatomie, um die Glieder der Tiere und damit ihre Körperhaltung fachgerecht zu modifizieren. Mit einem kleinen elektrischen Föhn oder im Backofen können die Modellhunde erwärmt werden, sodass die entsprechenden Stellen vorsichtig verformt werden können. Achtung: Der Kunststoff darf nicht allzu heftig erwärmt werden, denn sonst wird die Gefahr des unfreiwilligen Verformens der kleinen Tiere zu groß. Bei bemalten Tieren kann außerdem die Farbe durch das Übermaß an Hitze zu verkohlen beginnen. Eine strenge Temperaturempfehlung kann hier nicht gegeben werden: Es bringt wenig, dem Backofenthermostat zu vertrauen; die Temperaturskala ist sehr ungenau und lässt sich nicht feinfühlig genug einstellen. Hier geht Probieren über Studieren! Mit einer hölzernen Wäscheklammer oder einer Arretierzange können die erwärmten Vierbeiner während des Verformens bequem und ohne dass der Körper beschädigt wird gehalten werden.

Die richtige Farbe

Bemalte und unbemalte Vierbeiner bekommen einen individuellen Charakter, indem ihnen mit etwas passender Farbe (wie den Farben von Model Master im Vertrieb von Faller) zu Leibe gerückt wird. Hierzu ist es empfehlenswert, die Tiere vor dem Bemalen zuerst in lauwarmes Wasser mit etwas Spülmittel zu legen und sie mit einer ausgedienten Zahnbürste gründlich zu entfetten, sodass die neu angebrachte Farbe optimal haften kann. Diese Maßnahme ist bei werksseitig unbemalten Tieren unbedingt erforderlich, denn beim Spritzgussverfahren werden die Formen öfters mit einem Trennmittel eingesprüht, dessen Rückstände auch an den winzigen Tieren zurückbleibt. Seien Sie beim Bemalen ruhig kreativ: Durch neue Farbvarianten können Sie Ihre Hunde nicht nur vielfältiger, sondern auch originalgetreuer gestalten.

Zugtiere und Begleithunde

Da Hunde früher sehr oft als Zugtiere für kleinere Karren und Fuhrwerke eingesetzt wurden, sind passende Halfter und Zügel obligat. In den 50er-Jahren des vorigen Jahrhunderts wurde der Einsatz von Hunden als Zugtiere aus Tierschutzgründen verboten. Modellbahner der Epochen I und II können ihre Landschaft jedoch mit solchen Hundekarren aufwerten. Meistens sind Halfter und Zügel nur aufgemalt. Eine plastischere Ausführung von Halfter und Zügel kann aus einigen feinen Drahtstücken oder geeigneten Streifen Kunststoff zusammengebastelt und nachfolgend an Karre und Tier mittels Klebetechnik befestigt werden.

Für Blinde und Sehbehinderte sind ihre Begleithunde sehr oft die beste Möglichkeit, sich unabhängig in der Stadt zu bewegen. Neben dem Geleithund, der sich wie beim Zughund durch sein Geschirr zu erkennen gibt, lässt sich auch der weiß gefärbte Stock des Sehbehinderten nachbilden. Ein Blindenstock kann schlicht aus einem Stückchen Kupferdraht von 0,2 mm zurechtgebogen werden. Etwas weiße Farbe rundet die Bastelei ab, und der „Modellblinde" kann gemeinsam mit seinem Hund seinen täglichen Spaziergang antreten.

Natürlich können Sie noch viel mehr tun, um die Hundewelt in Ihrer Anlage zu bereichern. Gönnen Sie den Vierbeinern ihre eigenen Räume! Wer Hunde nicht nur als schmückendes Beiwerk für Spaziergänger in die Anlage integrieren möchte, der kann mit ein wenig Phantasie und Geschick spezielle Hunde-Treffpunkte einbauen. Die Möglichkeiten sind unbegrenzt: Warum nicht zum Beispiel ein Stadthaus in einen Hundesalon oder eine Zoofachhandlung umwidmen? Für Gebäude mit Freifläche bietet sich eine Nutzung als Tierheim oder Hundesportverein an. Auf dem Land ist auch meist ausreichend Platz für eine Jagdszene oder eine Schafherde mit Hirtenhund, in Modellbahnen vor Epoche IV können durchaus auch noch Hundehütten auf den Höfen stehen. Epoche-V-Bahnern dienen weitläufige Parkanlagen als Hundespielzonen und als Begegnungsstätte für Mensch und Hund. Separate „Hundetoiletten" gibt es inzwischen in vielen Städten, sie lassen sich leicht durch niedrige Zäune und ein Hinweisschild markieren. Und noch ein Tipp zum Schluss: Finden Sie das richtige Verhältnis! In Deutschland leben Schätzungen zufolge heute etwa fünf Millionen Hunde, in Österreich und der Schweiz ist es jeweils etwa eine halbe Million. Im Verhältnis zur Bevölkerung bedeutet das: Ein Hund kommt auf etwa 15 bis 17 Menschen. Also: Übertreiben Sie es nicht mit den Vierbeinern!

Eine Sehbehinderte in Begleitung eines Blindenhundes. Die Figur bekam einen weißen Stock in die rechte Hand und der Vierbeiner ein passendes Gängelband. Beides wurde aus 0,2 mm starkem Messingdraht hergestellt.

Um den schweren elektrischen Motor zielgenau auf die Karre zu verladen, ist Geschick gefragt. Daher bedienen gleich drei Ladearbeiter den Ladebaum.

Ladebaum mit Flaschenzug

Schwere Güter mit der Hand verladen

Das Verladen schwerer Lasten war früher oft mühsame Handarbeit – lediglich Flaschenzüge boten eine gewisse Erleichterung. In vielen Bahnhöfen stand ein einfacher Kran an der Ladestraße, der nur aus zwei Rundhölzern und besagtem Flaschenzug bestand. Günter Weimann bietet ein ansprechendes Modell als Bausatz an. Ladekräne dieser Art gab es im Prinzip schon im Mittelalter; die hier gezeigte Ausführung basiert jedoch auf einem Entwurf deutscher Pioniere im Ersten Weltkrieg. Ihr Vorteil war die einfache Anfertigung, ein Zimmermann und ein Schmied fanden sich selbst in kleinen Ortschaften. So wundert es nicht, dass solche Kräne noch in den Fünfziger- und Sechzigerjahren in vielen kleinen Bahnhöfen in Gebrauch waren. Auch im Modell bedarf es keiner großen Werkstatt, um aus dem Bausatz einen Blickfang für die Ladestraße entstehen zu lassen. Der Bausatz besteht aus wenigen Teilen: zwei Holzstäbe für Mast und Ausleger, Neusilberätzteile für die

Das wird benötigt

Werkzeuge	Airbrush, Feilen, Lötkolben, div. Bohrer, Bohrhalter, Mini-Bohrmaschine, Pinsel, feine Pinzette, div. Zangen
Material	Bausatz Ladebaum von Günter Weimann (erhältlich bei Wagenwerk), Beize, div. Farben, Lötpaste
Schwierigkeit	2 (nicht zu kompliziert)
Zeitbedarf	2 Tage
Besonderheiten	Fein detaillierter Ladebaum mit Flaschenzug aus Neusilberätzteilen

Schellen und die Rollen des Flaschenzugs sowie eine feine Kette und dünner Draht. Auch die Ätzteile sind sehr sauber; lediglich die durchgeätzten Bohrungen müssen mit einem 0,35-mm-Bohrer nachgebohrt werden.

Mast und Ausleger

Als Erstes müssen die beiden Holzstäbe, der dickere für den Mast und der dünnere für den Ausleger, entsprechend der Bauanleitung gekürzt und an den Enden leicht angespitzt werden. Die Farbgebung erfolgt am besten mit braunschwarzer Holzbeize, etwa der „Schwellenimprägnierung" von Asoa. Durch das vorsichtige Abreiben mit Stahlwolle wird die Intensität der Beize etwas abgestumpft; auf diese Weise erreicht man auch einen gewissen Alterungsgrad. Der untere Mastbereich erhält noch einen Anstrich mit schwarz-grauer Farbe, um den Fäulnisschutz nachzubilden. Eine scharfe Farbtrennung erhält man, wenn die Holzstange in eine langsam laufende Bohrmaschine eingespannt und die Farbe mit dem Pinsel aufgetragen wird.

Mastschellen und Flaschenzug

Beim Vorbild war der Ausleger mit zwei Ketten an massiv geschmiedeten Schellen an der Mastspitze aufgehängt. Ein kurzes Kettenstück am unteren Ende des Auslegers sorgte für einen gleichbleibenden Abstand zum Mast. Im Modell entstehen die Schellen aus feinen Neusilber-Ätzteilen; sie müssen über dem Schaft eines Bohrers zu-

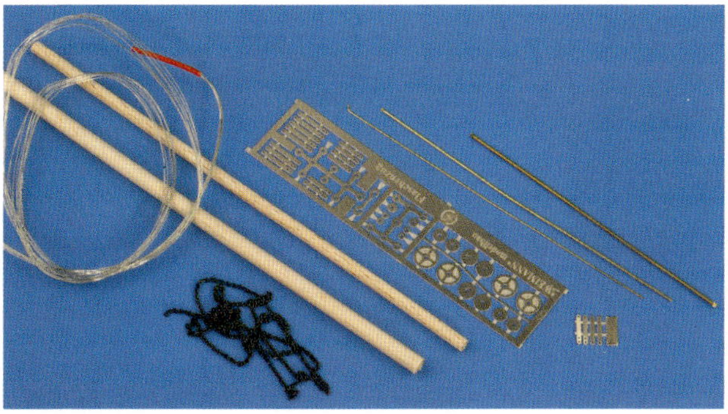

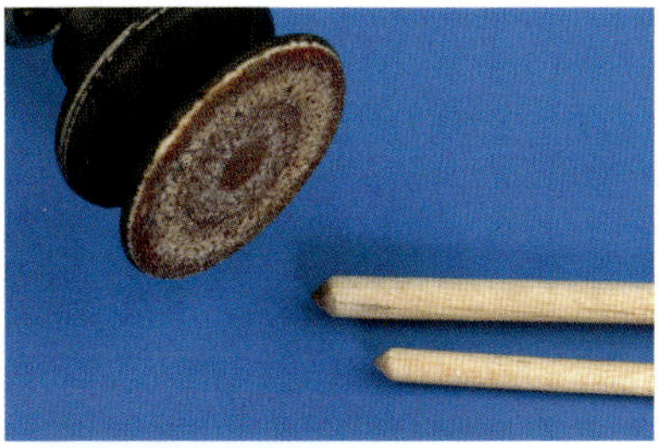

Der Bausatz: Ätzteile für Flaschenzug und Schellen, Messingdraht, Holzstäbe für Mast und Ausleger sowie eine fein gegliederte Kette (oben). Die oberen Mastenden werden leicht angespitzt (links).

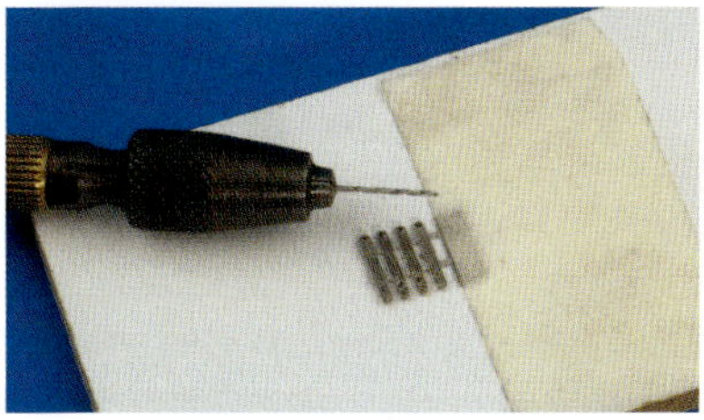

Vor dem Formen der Mastschellen werden Aufnahmelöcher mit einem 0,35-mm-Bohrer nachgebohrt.

Die Verbindungsstege der Schellen werden vor der Montage plan geschliffen.

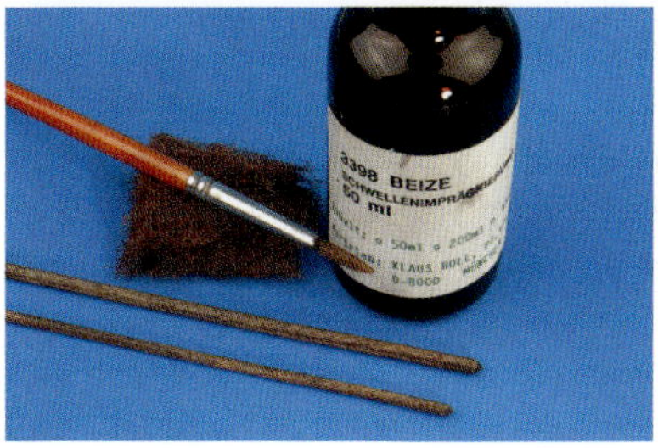

Mit etwas Beize werden Mast und Ausleger koloriert. Feine Holzfasern können mit etwas Stahlwolle beseitigt werden. Hierdurch bekommen die Masten ein leicht gealtertes Aussehen.

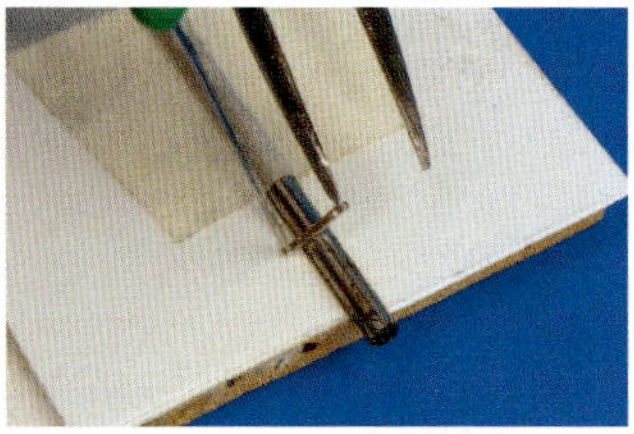

Zuerst werden die Schellen mit der Spitze einer Stecknadel in der Polystyrolplatte fixiert und mit der Spitze einer Pinzette über einen passenden Bohrer niedergedrückt.

Im zweiten Arbeitsgang werden Biegung und Laschen geformt.

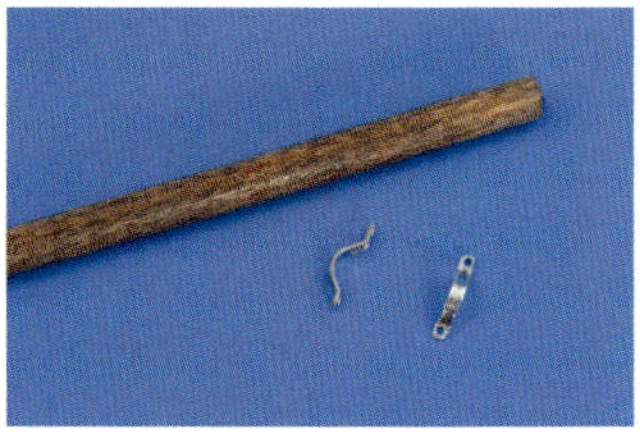

Die fertig geformten Schellen sehen so aus.

Die Darstellung des Fäulnisschutzes im unteren Mastbereich geschieht am besten mit schwarzer bis grauschwarzer wasserlöslicher Acrylfarbe. Durch ein Abkleben des Mastes wird eine scharfe Trennungslinie erzielt.

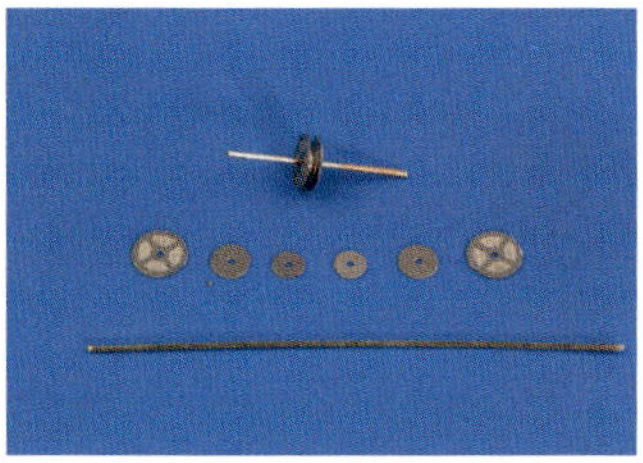

Zusammenstellung der Kettenrolle: Die Kettenrolle ist aus sechs Segmenten aufgebaut, die in der Folge, wie auf dem Bild zu sehen, auf eine 0,7-mm-Welle gelötet werden.

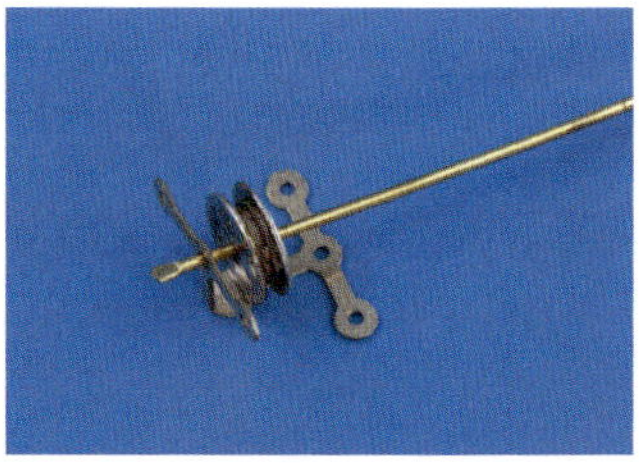

Aufbau des unteren Korbs mit Haken: In einer ersten Phase wird eine der beiden Korbhälften sauber abgewinkelt und die Welle samt Kettenrolle an einer Seite eingefädelt.

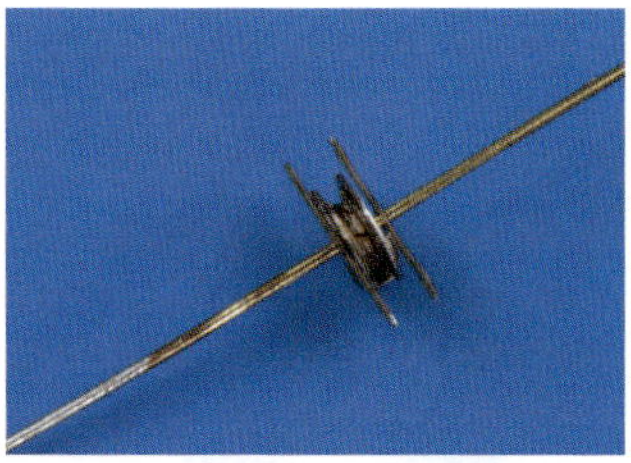

Dann wird die andere Korbhälfte abgewinkelt und die Welle durchgefädelt. Anschließend werden die Biegekanten mit Lötzinn verstärkt.

Die fertigen Rollenkörbe: Für eine bessere optische Wirkung wurden alle Wellenstümpfe mit einer feinen Schleifscheibe plan geschliffen.

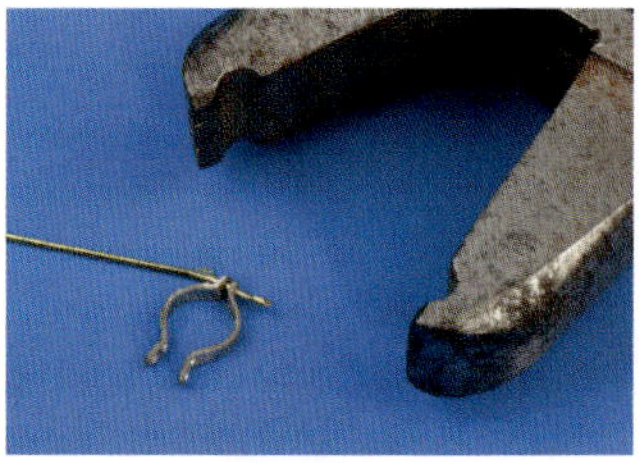

Aufbau der Schellen: Zuerst werden beide Schellenhälften an einer Seite mit einem 0,3-mm-Drahtstück verbunden. Das Drahtende wird flachgedrückt. Dann wird der zweite Draht eingefädelt und am Ende flachgedrückt.

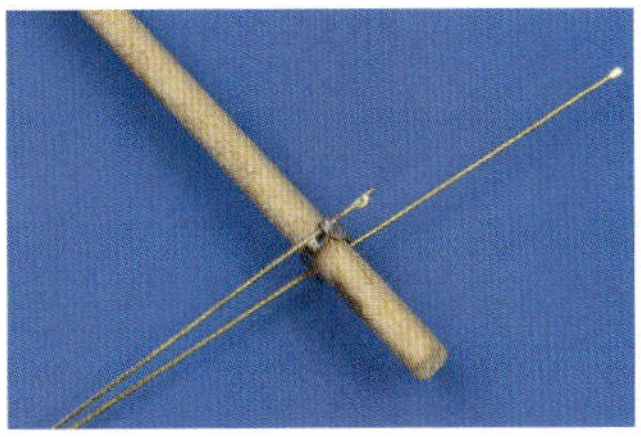

Schellenhälften verstiften und verlöten: Zuerst wird die Lasche mit nur einer Durchbohrung verlötet.

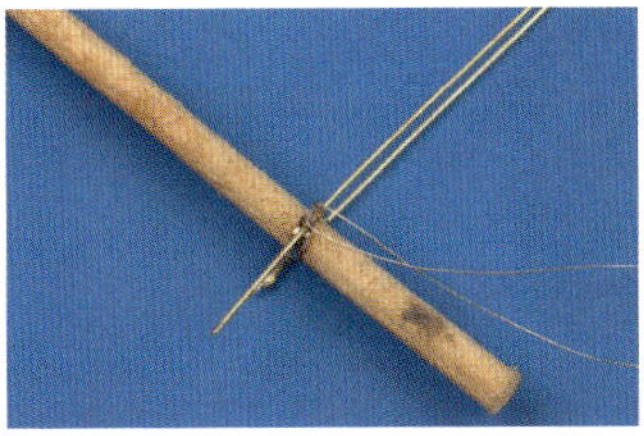

Danach werden die Bindedrähte an die kleineren Schellen und die Abspanndrähte an die größeren Schellen in die noch freien Bohrungen durchgefädelt und anschließend mit Lötpaste verlötet.

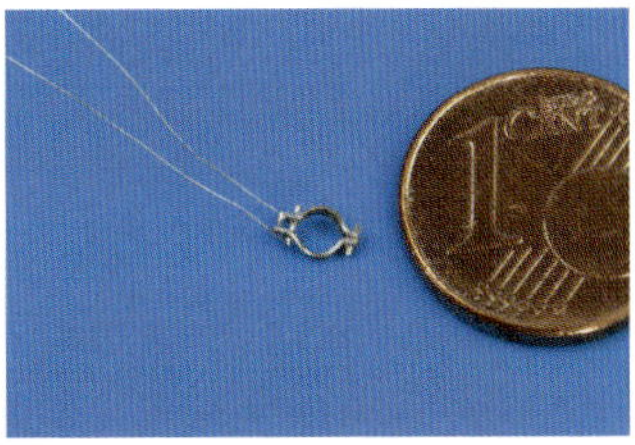

Eine fertige Schelle mit angelötetem Abspanndraht.

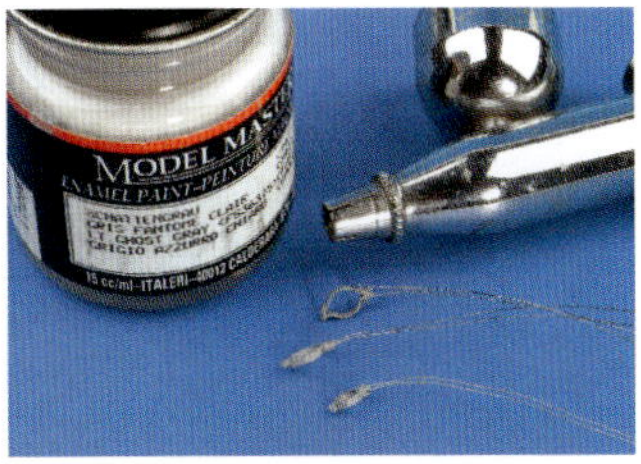

Mit grauer Farbe, beispielsweise Schattengrau von Model Master, werden die Schellen und beide Rollenkörbe spritzlackiert.

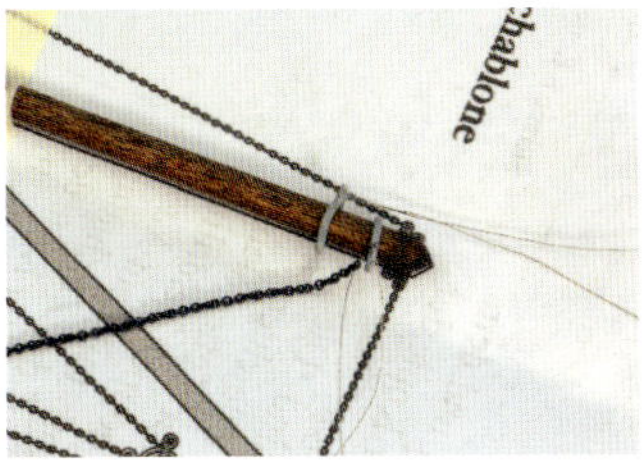

Nachdem die feinen Ketten abgelängt sind, werden sie mit einem Bindedraht an die Mastschellen angebunden.

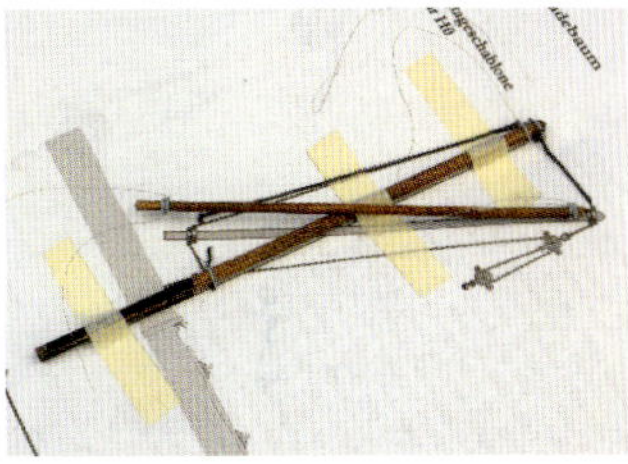

Auf dieselbe Art und Weise werden die Ketten an die Auslegerschellen angebunden, wonach der Ladebaum schon mehr von seiner endgültigen Gestalt bekommt.

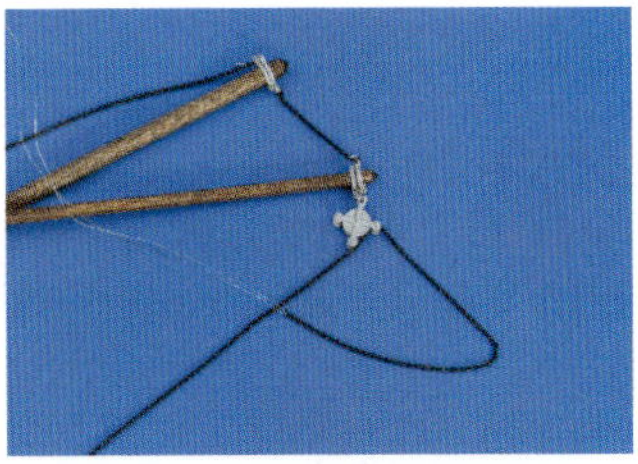

Zuletzt werden beide Rollenkörbe angebunden. Die Zugkette wird zuerst durch den oberen Rollenkorb gefädelt.

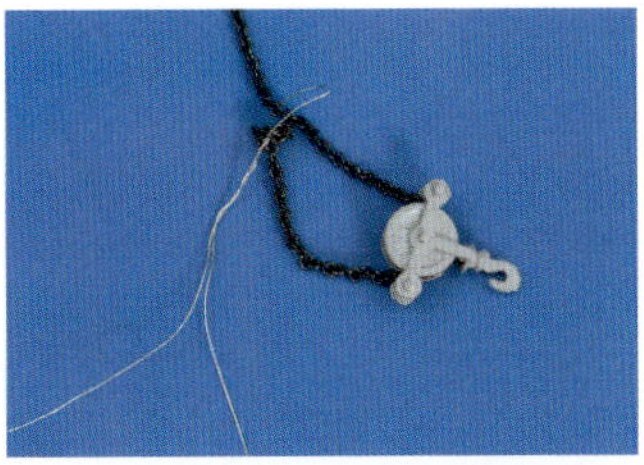

Mit einem Zugdraht, beispielsweise einem doppelt verdrillten Bindedraht, wird die feine Zugkette durch beide Rollenkörbe gefädelt.

Die Zugkette endet an einem Haken, der aus etwas 0,3-mm-Messingdraht zurechtgebogen wird und unterhalb der unteren Schelle am Mast angebracht wird.

Die Spanndrähte werden an Haken angebunden, die mit einem winzigen Tropfen Sekundenkleber im Erdreich verankert werden.

rechtgebogen werden. Dessen Durchmesser sollte dabei etwas kleiner als der Durchmesser der Holzstangen gewählt werden, da das Neusilber nach dem Biegen etwas zurückfedert. Die beiden Schellenhälften werden mit 0,3 mm starkem Draht verbunden, der durch die Löcher gesteckt wird. Gelötet wird mit feiner Spitze und

Nachdem eine ca. 5 mm große Aufnahmebohrung im Erdreich angefertigt ist, kann der Ladebaum, unter Beifügung von vier Holzkeilen, mit etwas Weißleim festgeklebt werden. Durch die Keile verschiebbar, kann der Ladebaum exakt senkrecht ausgerichtet werden.

ganz wenig Lötzinn; Sekundenkleber reicht auch. Glücklicherweise enthält die Ätzplatine mehr Mastschellen, als benötigt werden; auch erfahrenen Modellbauern gelingt nicht immer alles auf Anhieb. Abschließend können die Schellen mittelgrau oder schwarz lackiert werden.

Die Montage des Flaschenzuges beginnt mit den beiden Kettenrollen, die aus je sechs Neusilberscheiben zusammengesetzt werden: in der Mitte zwei kleine Scheiben, rechts und links davon erst die mittelgroßen und dann die großen Scheiben. Als Achse dient ein 0,7 mm starker Messingdraht. Für den oberen Rollenkorb müssen zuerst die beiden Korbhälften nach unten abgewinkelt werden, wobei eine der beiden Kettenrollen in die Wellenlagerung eingeschoben wird. Danach werden die Korbhälften durch drei 0,5 mm dicke Drahtstücke verbunden, die auf der Außenseite der Laschen verlötet werden. Die Welle der Kettenrolle darf unter keinen Umstände mit verlötet werden, sondern muss sich leicht drehen lassen. Die kurzen Laschen an der Oberkante des Rollenkorbes werden am besten zuletzt nach oben umgebogen und ebenfalls mit 0,5-mm-Messingdraht versehen; hieran wird später die Tragekette montiert. Es empfehlt sich, die Biegekanten der Ätzteile mit Lötzinn zu verstärken. Die Welle der Kettenrolle sollte nach der Montage auf einen Überstand von etwa 0,2 mm abgefeilt werden; ein sauber plan geschliffener Wellenstumpf erhöht die optische Wirkung ganz erheblich.

Die Montage des unteren Rollenkorbes gestaltet sich ähnlich; hier kommt lediglich der Haken des Flaschenzuges hinzu. Der Haken wird aus einem Ätzteil zusammengefaltet und mit zwei Scheiben, die das zweiteilige Hakengewicht darstellen, verlötet. Ausnahmsweise sollte hier nicht mit Lötzinn gespart werden, um den Scheiben etwas mehr Plastizität zu verleihen. Der Schlitz für den Kranhaken in der Unterseite des Korbes kann mit einer passenden Reibahle kreisförmig erweitert werden, damit der Haken drehbar gelagert wird. Dazu muss eine der Scheiben für das Hakengewicht nach dem Einfädeln des Hakens auf den Hakenzapfen gelötet werden. Um die Ketten an Mast und Ausleger montieren zu können, sollten die beiden Hölzer mit Klebeband auf einer Kopie der Montageskizze befestigt werden – dies erleichtert die Arbeit enorm. Die Ketten werden mit dem Litzendraht angebunden, der dazu am besten doppelt verdrillt wird. Die Zugkette wird am Mast unten an einem Haken eingehängt, der aus einem Stück 0,3-mm-Messingdraht gebogen wird.

Aufstellung

Der Abstand des Ladekrans von der Gleisachse sollte mindestens 27 mm betragen. Der Mast kann dort in einer Bohrung mit 5,5 mm Durchmesser aufgestellt und mit etwas Weißleim fixiert werden. Vier kleine Keile, die sich schnell aus Streichhölzern anfertigen lassen, dienen wie beim Vorbild dem exakt senkrechten Stand des Mastes. Durch das Verschieben der Keile kann er genau ausgerichtet werden. Der Ausleger sollte in seiner Ruhestellung parallel zum Gleis stehen. Abschließend muss der Mast noch nach drei Seiten abgespannt werden. Dazu werden die Spanndrähte von der Schelle an der Mastspitze zu drei Nägeln im Boden geführt und dort angebunden. Die Spanndrähte sollten noch mit grauschwarzer Farbe gestrichen werden und zuletzt einen Überzug mit stark verdünnter rostbrauner Farbe erhalten.

An der Ladestraße wird ein Flachwagen der Gattung R10 (Modell Roco) durch eine Truppe Ladearbeiter abgeladen.

7 Werkstatt

Mit Sand gestrahlt

Schonendes Reinigen und Aufrauen von Metalloberflächen

Für die Oberflächenbehandlung von Teilen aus unterschiedlichen Metallen gibt es eine Sandstrahl-Anlage mit einer staubdichten Kabine auf dem Markt, die im Vergleich zu Profigeräten im Anschaffungspreis deutlich günstiger liegt und deshalb für jeden Lackierfreund das ideale Gerät für Abschleifen und Reinigen von Metall- und Kunststoff -Modelloberflächen ist. Der Begriff „staubdichte Kabine" ist jedoch nicht so zu interpretieren, dass man die Anlage bedenkenlos in Wohnräumen einsetzen kann. Eine geringe Menge Strahlmittelstaub gelangt bei der Handhabung immer mit nach außen. Die Sandstrahlanlage dient dem Reinigen, Entfernen von Farbschichten, Mattieren und Aufrauen. Auf leicht aufgerauten Oberflächen kann eine aufgetragene Farbschicht optimal haften.

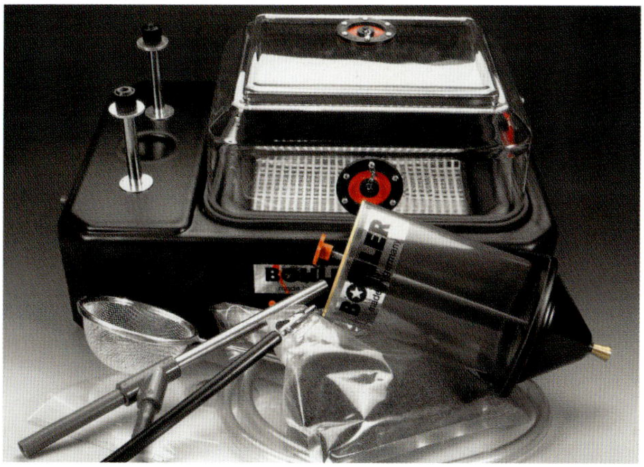

Die Grundausstattung der Böhler Strahlkabine

Das wird benötigt

Werkzeuge	Strahlkabine von ehemals Böhler Denzlingen (erhältlich bei der Firma Kaleas)
Material	Diverse Strahlmittel, Druckerzeuger, zum Beispiel einen Staubsauger
Schwierigkeit	1 (einfach)
Zeitbedarf	Nach Größe der Teile
Besonderheiten	Mit dem Strahlgerät können die meist unterschiedlichen Metalloberflächen, fast ohne die geringste Staubentwicklung, schonend gereinigt werden

Druckerzeugung

Der große Vorteil im Vergleich zu bislang auf dem Markt erhältlichen Geräten dieser Art ist, dass für die Erzeugung des Luftdrucks kein se-

Strahlmittelbehälter mit Zuflussregulierungsschraube

Strahlmittel: Korund, Asilikos, Granatsand und Glasperlen (von links)

Unkompliziert: Ein Dauermagnet fixiert kleine Eisenteile gut.

parater Kompressor benötigt wird. Stattdessen weist die Anlage auf der linken Seite einen Stutzen für den Anschluss eines Haushalts-Staubsaugers auf. Dieser erzeugt in der Kabine einen Unterdruck, der das Strahlmittel aus dem Vorratsbehälter über den Strahlschlauch und die Lanze ansaugt.

Handhabung und Hilfsmittel

Das zu bearbeitende Teil (Maximalhöhe 14 cm) wird zunächst in die 21 x 16,5 cm große Kabine gelegt. Durch eine der drei verschließbaren Öffnungen führt man dann eine Lanze in die Abdeckhaube ein. Nach dem Einschalten des Staubsaugers und dem Öffnen des Strahlmittelzulaufs kann das Werkstück gestrahlt werden. Die transparente Abdeckhaube erlaubt die Verfolgung des Vorgangs und eine präzise Führung der Lanze. Kleine zu strahlende Teile werden mit der zum Lieferumfang gehörenden Krokodilklammer mit verlängertem Steg fixiert. Eisenteile lassen sich beim Sandstrahlen gut durch einen ausreichend starken Dauermagneten fixieren. Dieser besitzt jedoch keine Bodenhaftung und muss deshalb befestigt werden, z. B. durch Verkleben. Verschiedene Strahlmittel unterschiedlicher Beschaffenheit und mit verschieden starker abrasiver (materialabnehmender) Wirkung sind bei mehreren Anbietern lieferbar. Je nach Werkstück kann man zwischen Korund (größter Schleifeffekt), Asilikos, Granatsand und Glasperlen (geringster Schleifeffekt) wählen. Ist die Belastbarkeit des zu behandelnden Teiles unklar, beginnt man mit dem schonendsten Mittel. Wie schon erwähnt, ist das Sandstrahlen bei Metallbausätzen (zum Beispiel Messinggussteile, geätzte Messingbleche) vor dem Lackieren interessant. Die Oberfläche wird gereinigt und mikroskopisch aufgeraut, sodass für die anschließende Lackierung ein idealer Haftgrund entsteht. Bei manchen Decklacken, die mit einer Airbrush mit entsprechend großer Düse aufgetragen werden müssen, kann man durch Sandstrahlen sogar auf das Grundieren verzichten.

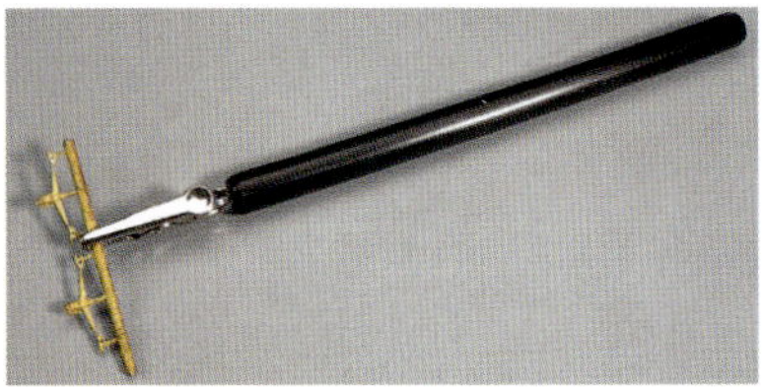

Die mitgelieferte Krokodilklammer hält kleinere Nichteisenteile fest.

Größte Vorsicht ist bei weichen Materialien wie Weißmetall oder gar Kunststoffen angebracht. Hier könnte beim Strahlen mehr Substanz als gewünscht abgetragen werden. Eine weitere Anwendungsmöglichkeit ist das Entfernen von älteren oder beschädigten Farbschichten an Modellen, die neu lackiert werden sollen. Es wurden zur Demonstration der Wirkung einer Sandstrahlanlage mehrere feinstdetaillierte Messing-Güterwagen von Bavaria sowie ein Wagenkasten aus Weißmetall von Raimo mit Granatsand bestrahlt. Den nötigen Unterdruck liefert ein Haushalts-Staubsauger mit einer Leistung von 1000 Watt. Um das Strahlmittel für einen weiteren Einsatz nutzen zu können, erhält dieser zuvor einen neuen Staubbeutel.

Das zu bearbeitende Teil wird schonend auf dem Gitterrost der Anlage mit einem Drahtstück oder in einem kleinen Schraubstock fixiert. Man sollte darauf achten, dass die Dichtung zwischen Gerät und Plexiglasglocke gut schließt und der Staubsauger über eine Mikrofilteranlage verfügt. Nachdem die Lanze in eine Öffnung der Kabine eingeführt wurde, startet man den Staubsauger und öffnet den Strahlmittel-Zulauf. Die Lanze wird jetzt rechtwinklig mit kurzem Abstand – etwa ein bis fünf Zentimeter genügen – über das Werkstück geführt. So geht man mit allen Seiten vor, bis das Bauteil nach kurzer Zeit eine blitzblanke Oberfläche hat.

Eine durchsichtige Kunststoff-Folie sollte unbedingt auf die Innenseite der transparenten Abdeckhaube bzw. bei anderen Anlagen

Nach dem Bestrahlen mit Granatsand wirkt die Oberfläche der Messing-Güterwagen sehr edel.

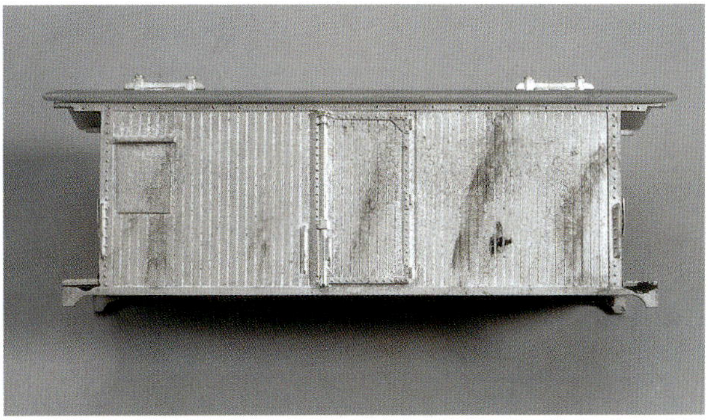

Das Weißmetallgehäuse zeigt Kleberrückstände und Oxidationsstellen (oben). Nach dem Strahlen mit Glasperlen sind fast alle Spuren beseitigt (links).

Die andere Wagenseite wird mit Granatsand behandelt; die Oberfläche zeigt sich etwas matter.

Stark verrostete Teile werden mit Korund gestrahlt.

Das Fahrwerk wird zur Hälfte abgeklebt und mit Asilikos gestrahlt.

Die mit Korund behandelte linke Seite hat eine rauere Oberfläche.

Die abblätternde Farbschicht einer Lok wird mit Granatsand entfernt.

der Fenster geklebt werden, da das feine Sandstrahlgranulat im Laufe der Zeit das Sichtfeld von innen eintrübt.

Fazit

Das Resultat fällt bei allen behandelten Wagen als Vorbereitung auf eine Grundlackierung äußerst zufriedenstellend aus. Beim Entfernen von Lackschichten verläuft das Sandstrahlen wesentlich schneller als das mühsame Abbeizen mit sehr aggressiven und umweltbelastenden Chemikalien oder das Abschleifen mit ganz feinem Schmirgelpapier. Versuche mit der „mildesten" Strahlmittelsorte Glasperle haben selbst Weißmetallteile so schonend poliert, dass Klebereste und korrodierte Stellen verschwanden. Ideal ist daher das Bestrahlen mit Sand zum Entfernen von Lacken auf sehr fein strukturierten Oberflächen, wie man es bei Lok- und Wagenmodellen antreffen kann. Wer will, kann unlackierte Messingmodelle sogar auf Hochglanz polieren.

Zwei zusammengelötete, aber noch nicht sandgestrahlte Güterwagen aus Messing

Das fertige und leicht gealterte Schürhakengestell steht im Modell-Bw. Zusätzlich wurde aus einem kleinen Stück Kunststoffprofil der Sockel nachgebildet.

Keine Angst vor heißem Metall

Tipps und Kniffe zum Löten von Bausätzen

Auf zahlreichen Messen und Ausstellungen stellt sich in Gesprächen mit Modellbauern immer wieder heraus, dass – völlig ungerechtfertigt – Vorbehalte gegenüber dem Lötverfahren bestehen. Lötverbindungen von NE-Metallen (Messing- und Neusilber-Legierungen werden in der Regel in unserem Eisenbahn-Modellbaubereich verwendet) sind dauerhaft, mechanisch höher belastbar und sauberer auszuführen als eine Klebeverbindung. Mit etwas Geduld und ein bisschen Übung kommt man sehr schnell zu befriedigenden Ergebnissen. An-

Das wird benötigt

Werkzeuge	Feiner Schmirgel, Feilen, Lötkolben, Flammlötgerät, Lötunterlage (Keramikziegel), Wäsche- oder Krokodilklammer, div. Bohrer, Bohrhalter, alter Pinsel, Pinzette
Material	Bausatz Schürhakengestell und Förderband von Weinert, Lötpaste, Drahtlot, Fließmittel (25% Phosphorsäure), Stahlwolle, Entfetter, Farben und Grundierung
Schwierigkeit	2 (nicht zu kompliziert)
Zeitbedarf	2 Tage
Besonderheiten	In Löttechnik können besonders filigrane Modelle, ohne die Details mit Klebstoff zuzukleistern, mechanisch dauerhaft zusammengebaut werden, was mit herkömmlichen Klebetechniken kaum möglich ist

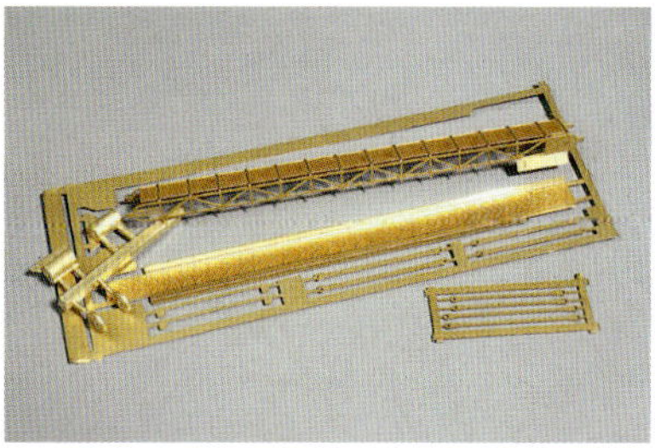

Für das Lötverfahren ist nur wenig Werkzeug erforderlich (oben). Ätzteile sind flach, werden aber durch Biegen und Aufschichten dreidimensional (rechts).

Rollen und Förderband werden durch eine Klammer gehalten und in einem Zug verlötet.

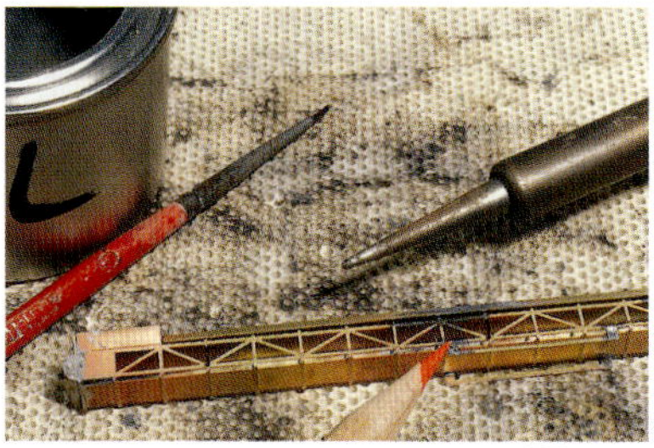

Die Aufnahmestützen des Fahrgestells werden mit dem Kolben am Seitengitter verlötet.

fangs sind sämtliche Ätzteile und Gussteile, die miteinander verlötet werden sollen, mit einer kleinen Feile oder etwas Schmirgelpapier (Körnung etwa 250 bis 800) von Graten und Spänen zu befreien. Es empfiehlt sich, die Teile erst anhand der Bauanleitung vorab auf richtige Passung zu überprüfen.

Kolben oder Flamme

Eines der zu verlötenden Teile wird mittels eines kleinen Pinsels mit etwas Tinol (Flüssiglot) bestrichen, beide zu verlötenden Teile positioniert und mit einer alten Flachfeile oder Pinzette fixiert. Die Werkstücke werden mit einem Flammenlötgerät oder einem Lötkolben erwärmt, bis die Lötpaste silbern glänzt und verfließt. Danach müssen sofort die Flamme oder der Lötkolben von der Lötstelle entfernt und beide Teile unbeweglich festgehalten werden, bis die Lötstelle abgekühlt ist. So bekommt man eine richtig feste und saubere Lötstelle, die auch nur durch Erhitzen wieder getrennt werden kann! Hierzu einen Tipp: Bevor man ans Löten geht, sollte die Lötpaste immer gut aufgerührt sein, sodass sich das Flussmittel und das zermahlene Blei gut untereinander mischen. Niemals zu viel Lötpaste auftragen – weniger ist besser, um eine dauerhafte und saubere Lötstelle zu erhalten. Ist versehentlich das zu lötende Teil verrutscht oder die Lötpaste nicht genügend erwärmt worden (mattsilberne Oberfläche), sodass sie nicht richtig verfließt, sollte der Lötvorgang abgebrochen werden. Lieber beginnt man wieder neu, da man sonst eine sogenannte

„kalte" Lötstelle bekommt. Eine solche Verbindung lässt sich sehr leicht lösen, da das Material keine Legierung eingegangen ist. Ebenso sollte man die Lötflamme oder den Lötkolben nicht zu lang auf eine Lötstelle richten, denn sonst besteht die Gefahr, dass die Lötpaste verbrennt und sich eine schwache Lötstelle ergibt. Auch hier muss wieder alles versäubert und neu angefangen werden! Möchte man Materialien unterschiedlicher Stärke miteinander verlöten, beispielsweise Guss- und Ätzteile, sollte man das massivere Teil mit der Flamme erwärmen, weil es länger braucht, bis es die erforderliche Löttemperatur erreicht hat. Gleichzeitig gibt es die benötigte Lötwärme auch an das kleinere Teil ab. Folglich kann daher das dünnere Teil nicht überhitzen, verformen oder gar schmelzen.

Übung macht den Meister

Man braucht einige Übung, um die Wärmeenergie, egal ob vom Kolben oder einer Flamme, exakt zu dosieren, sodass benachbarte, bereits gelötete Teile sich nicht mehr lösen. An einer Ätzplatine ist genügend Abfall vorhanden, der zu diesem Zweck verwendet werden kann. Sollte es trotzdem einmal vorkommen, dass sich ein Teil löst, wird es wieder ausgerichtet und neu verlötet; eventuell müssen das gelöste Teil aufgespannt und etwas Lötpaste zugegeben werden.

Kühlen

Von der Kühlung mit nassen Tüchern oder einem Wattebausch ist abzuraten! Die Kühlelemente zie-

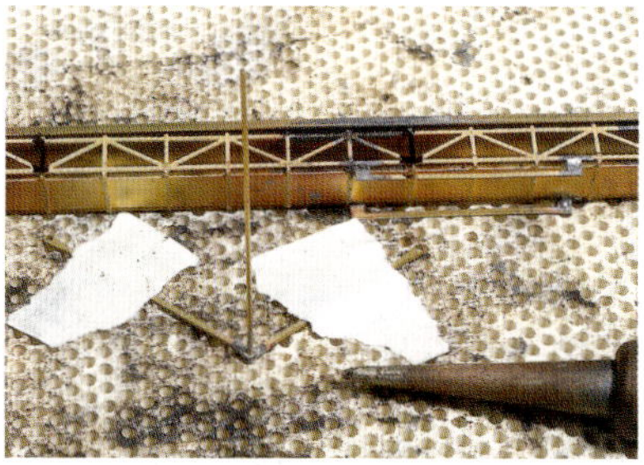

Die Stützen werden mit Klebeband fixiert (links).

Das Achsinnenmaß wird mit einem Kaliber (Kunststoff Klotz) eingestellt (unten).

Mit Stahlstiften werden die Profile eines Schürhakengestelles auf der Lötunterlage (Keramikziegel) gegen Verrutschen gesichert.

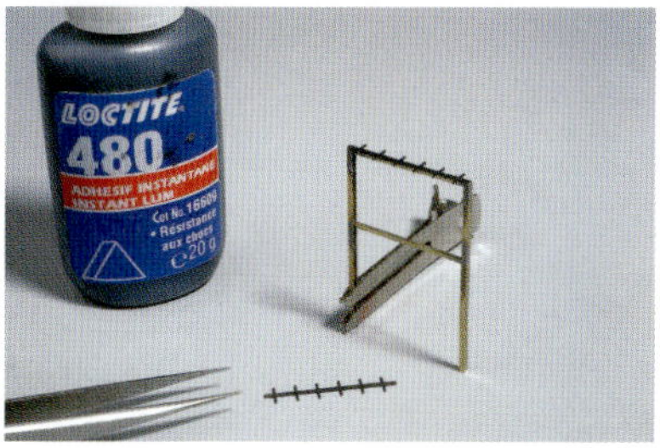

Die Gestellhaken können ebenso geklebt werden.

hen sofort die zugegebene Wärme von der Lötstelle zu sich ab, mit dem Ergebnis, dass man keine saubere Lötstelle, sondern eine „kalte" Lötstelle bekommt. Beim Lötverfahren entwickeln sich immer Abgase, die Lotpartikel und phosphorhaltige Dämpfe enthalten. Am Werkstück bleiben immer Zunderreste zurück, weshalb man anschließend die gelöteten Teile mit etwas Aceton oder warmem Wasser und Seife gründlich reinigen muss. Verzichtet man auf diese wichtige Prozedur, so können die Rückstände oxidieren, das Messing schon bald angreifen und die Oberfläche zerstören. Die Reinigung mit Aceton ist zu bevorzugen. Sie ist zwar nicht umweltfreundlich, aber die gründlichere Reinigungsmethode, da es die Lötreste besser auflöst. Nach einem ausgiebigen Tauchbad lassen sich die Reste mit einem großen Pinsel problemlos abwischen.

Sowohl beim Löten wie auch bei der Reinigung mit Aceton sollte aus gesundheitlichen Gründen für eine sehr gute Belüftung der Räumlichkeiten gesorgt werden. Alternativ kann die Reinigung der Werkstücke nach draußen an die freie Luft verlegt werden.

Benötigtes Werkzeug

Ein Flammenlötgerät und ein Lötkolben mit etwa 50 Watt Leistung – noch besser wäre ein Gerät mit einstellbarem Temperaturbereich – haben sich als Lötwerkzeug für Messing- und Neusilber-Legierungen bestens bewährt.

Das Flammenlötgerät sollte man nur für größere und massivere Teile, wo innerhalb kürzester Zeit viel Wärme gefordert wird – z. B. das Anlöten von Domen und Schloten auf einem Lokkessel –, verwendet werden. Der Lötkolben ist dagegen für kleinere Teile und feine Drähte ideal, denn wenn diese mit der Flamme gelötet werden, besteht die Gefahr, dass sie sehr schnell überhitzen und zerstört werden. Für das Weichlötverfahren haben sich als Lote Flüssiglot wie z. B. Tinol, Drahtlot mit Flussmittel aus dem Elektronik-Bereich und Stangenlot zusammen mit 50prozentiger Phosphorsäure als Lötwasser bzw. Flussmittel sowie eine harte keramische Unterlage bestens bewährt. Auf das Vorverzinnen der zu lötenden Teile kann man bei der Verwendung von Tinol durchaus verzichten, da das Flussmittel die Oberfläche von eventuellen Oxidresten befreit.

Zum Arretieren und Festhalten der Teile sind verschiedene Klammern, Klebeband, Pinzetten, Stecknadeln und einige Klemmzangen und -scheren sehr nützlich.

Praxis an Modellen

Das Schürhakengestell von Weinert enthält kleine U- und T-Messingprofile für das Gestell und eine Ätzplatine, auf der die Schürhaken und deren Aufhängehaken dargestellt sind. Analog der Bauanleitung werden die Profile zusammengelötet. Es kann vorkommen, dass beide T-Profile an ihren Enden etwas befeilt werden müssen, da sie sich manchmal nicht ohne zu verklemmen in die offene Seite des U-Profils hineinschieben lassen. Der obere und der untere Träger werden in die seitlichen U-Profile geschoben, genau rechtwinklig ausgerichtet, mit Klebeband oder einigen Stecknadeln auf der Lötunterlage fixiert und anschließend nach Zugabe von etwas flüssigem Lötzinn miteinander verlötet. Ein Lötkolben mit etwa 50 Watt Leistung ist hier das ideale Lötwerkzeug. Zum Schluss werden beide Hakenbleche auf die T-Profile geklebt. Löten ist hier auch denkbar, aber nicht notwendig. Jetzt können die Schürhaken mit einem Vorschneider aus der Ätzplatine geschnitten und an das Gestell gelötet oder geklebt werden. Nach dem Reinigen wird das Gestell grundiert und hellgrau lackiert. Das Förderband enthält gegenüber dem Schürhakengestell sowohl Messingätzteile als auch Messinggussteile, die auf eine etwas andere Art und Weise miteinander verlötet werden. Hier kommen sowohl der Lötkolben wie auch die Lötflamme zum Einsatz. Das Chassis (Transportband, Umlenkrollen und Seitengitter) wird komplett vormontiert und nach Zugabe von etwas flüssigem Lötzinn in einem Zug mit der Flamme miteinander verlötet. Die weiteren, dünnen Kleinteile werden danach mit dem Lötkolben befestigt.

Das Förderband ist im Einsatz. Gerade wird der Erfurt 48775 X der DRG, ein Fleischmann-Modell, durch zwei Preiser-Hilfsarbeiter mit frischem Schotter beladen.

Der im Mischbauverfahren (Kunststoff und Metall) hergestellte Württembergische Bierwagen wurde völlig zusammengeklebt.

Metalle und Kunststoffe kleben

Güterwagen im Mischbauverfahren zusammengebaut

Einige Kleinserienhersteller haben interessante Modellbausätze für Fahrzeugliebhaber entwickelt. Die ausgesuchten Vorbilder sind von keinem Großserienhersteller nachgebildet worden, da diese Modelle in der Regel nur einen kleinen Liebhaberkreis finden. Die Fahrzeuge werden aus Kostengründen normalerweise als Bausätze angeboten. Zur Steigerung der Detaillierung und Einsparung teurer Formen hat man verschiedene Werkstoffe gewählt: Teile aus Weißmetall werden in einer Schleudergussform, meistens einer Silikonform, reproduziert; dünne Messingteile werden geätzt und liegen als Ausschneideplatine bei, und nicht selten findet man Holzleisten, vor allem bei amerikanischen Modellen, in den Packungen. Hat ein Hersteller seine Modelle im Baukastenprinzip entwickelt, kann es durchaus sinnvoll sein, das eine oder andere Teil mit einem billigen Massenkunststoff zu spritzen. Die teuren Formkosten amortisieren sich bei einer entsprechenden Stückzahl, die auf verschiedene Bausätze verteilt werden, sehr schnell.

Bauvorbereitung

Am Beispiel eines Raimo-Wagens zeigen wir, welche Arbeitsweise bei einem Bausatz dieser Kategorie berücksichtigt werden sollte. Der Zusammenbau der verschiedenartigen Bauteile bereitet normalerweise keine Schwierigkeiten. Trotzdem ist es ratsam, sämtliche Weißmetall- und Kunststoffteile vorab gründlich zu entgraten. Die Klebflächen größerer Spritzgussteile müssen unbedingt mit einem Glasfaserradierer aufgeraut werden, da sonst der Sekundenkleber nicht ausreichend haftet und sich eine zu schwache Klebestelle bildet.

Klebetechnik

Beide Längsträger, die aus ABS-Kunststoff hergestellt sind, werden seitlich mit einem Sekundenkleber der nicht allzu schnell abbindet, oder einem Zweikomponentenkleber an der Bodenplatte befestigt. Eventuell unterstützen kleine Zwingen den festen Sitz bis zum Aushärten des gewählten Klebers. Herkömmliche Kunststoffkleber dürfen hier gar nicht verwendet werden, da ihre Klebekraft nicht ausreichen würde. Vor dem Zusammenbau des Wagenkastens kann, wer will, die angespritzten Handgriffe an den Ecken und an der Schiebetür vorsichtig abschneiden, die Schnittstellen glätten und neue Löcher zur Aufnahme der Griffstangen, die nun aus Messingdraht zurechtgebogen werden, mit einem 0,35-mm-Bohrer setzen. Nun kann der Wagenkasten mit etwas Sekundenkleber zusammengefügt werden. Dabei sollte man die Rechtwinkligkeit mit einem Winkel überprüfen. Einige kleine Zwingen halten den geklebten Wagenkasten zusammen, bis der Kleber ausreichend gehärtet ist (1/2 bis 1 Stunde). Am Kunststoffdach sind zunächst die Aufnahmelöcher für die Signalhalter und die Eisfüllluken zu bohren. Danach werden diese von der Dachinnenseite aus mit Sekundenkleber verklebt. Anschließend wird das Kunststoffdach mit einem Zweikomponentenkleber auf dem Wagenkasten befestigt. Es muss hierbei an allen Wänden anliegen und an den Seiten denselben Überstand aufweisen. Mit einigen Gummibändern lassen sich die beiden Hauptbauteile gut zusammenhalten. Die Innenecken des Wagen-

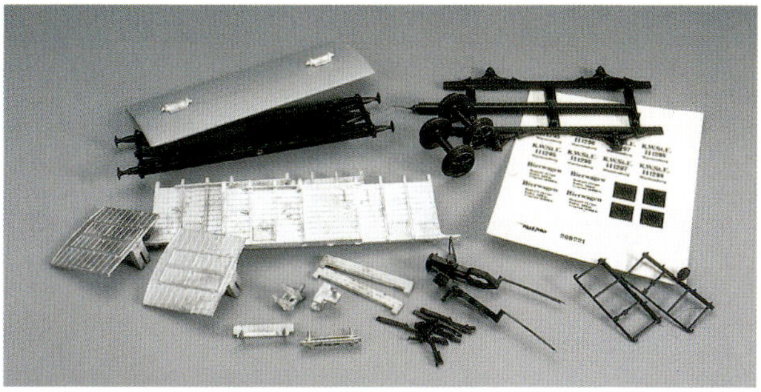

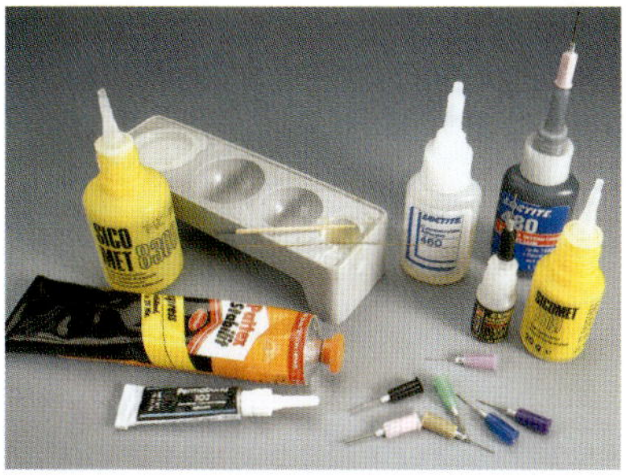

Die Anzahl der Teile hält sich in Grenzen (oben). Sekundenkleber lassen sich punktgenau mit Draht und Zahnstocher auftragen. Noch besser sind feine Kanülen (links).

Angüsse und Gussgrate werden mit Feilen und Schmirgel beseitigt.

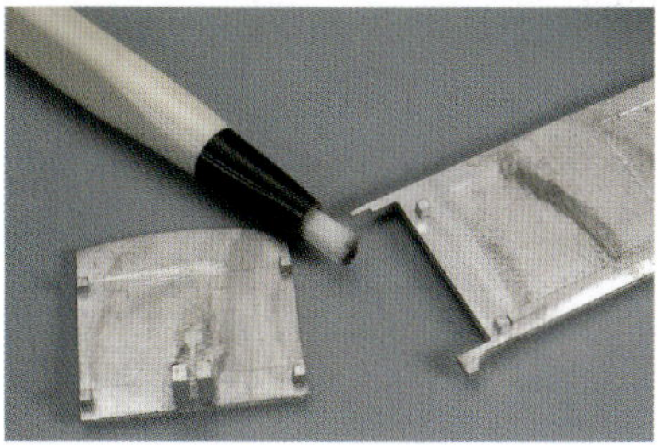

Vor dem Kleben müssen die Oberflächen gesäubert werden.

Mit einem Winkel werden die Wagenwände ausgerichtet.

Gummibänder verhindern das Verschieben der einzelnen Bauteile.

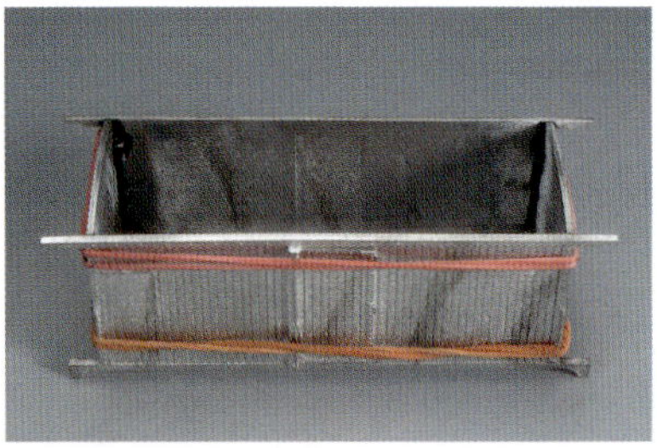

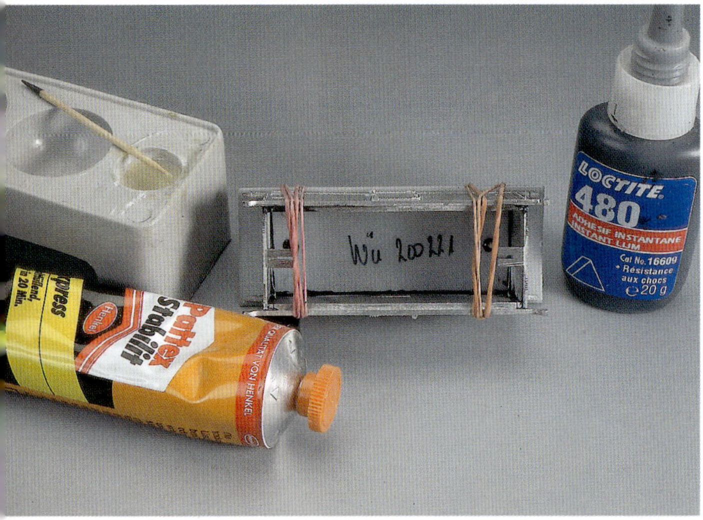

Das Dach wird nach dem Kleben mit Gummibändern fixiert (oben). Die Nähte werden an der Innenseite mit Klebstoff verstärkt (rechts).

kastens und die Dachecken entlang der Innenseite können mit Zweikomponentenkleber noch zusätzlich verstärkt werden.

Grundierung

Das Gehäuse und das Fahrgestell sind zunächst mit einem großen Pinsel in einer Schale mit etwas Alkohol oder Benzin zu entfetten, bevor sie grundiert werden. Auf eine Nitrogrundierung ist zu verzichten, da sie den Kunststoff von Fahrgestell und Dach angreifen würde. Für den Wagenkasten aus Metall könnte sie zwar angewendet werden, was hier jedoch nicht sinnvoll ist, da dann das Dach erst nach dem Lackieren mit dem Wagenkasten verklebt werden könnte.

Farbliche Gestaltung

Auch hier dürfen wegen der Ätzwirkung auf Kunststoff keine Nitrolacke verwendet werden. Frühestens 24 Stunden nach dem Grundieren der Teile kann das Modell lackiert werden. Dabei erhalten das komplette Fahrgestell sowie die Griffstangen und Signalhalter eine schwarze Farbgebung (RAL 9005), der Wagenkasten eine rotbraune (RAL 8012) oder eine opalgrüne (RAL 6026, das mit etwa 15 Prozent Schwarz RAL 9005 abgedunkelt wird). Die Radsterne werden entweder in Achatgrau (RAL 7038) oder Blaugrau (RAL 7031) lackiert. Der Farbton des Daches besaß in neu lackiertem Zustand ein ungefähr sandfarbenes Aussehen, was mit „Sandgelb" (RAL 1002, je nach Verwitterungs- und Verschmutzungsgrad mit etwas Schwarz vermischt) übereinstimmen dürfte.

Beschriftung

Das fertig lackierte Modell kann nun nach der Bauvorlage oder vorhandenen Vorbildfotos beschriftet werden. Die einzelnen Teile der Schiebebilder-Beschriftung werden etwa eine Minute in Wasser mit etwas Spülmittel eingeweicht und danach mit einer Pinzette an der richtigen Stelle aufgebracht. Eine abschließend aufgetragene Schicht Seidenmatt-Klarlack schützt das beschriftete Modell vor Abreiben von Farbe und Beschriftung.

Das wird benötigt

Werkzeuge	Airbrush, Feilen, feiner Schmirgel, div. Bohrer, Bohrhalter, Pinsel, Glasfaserradierer, kleine Zwingen, Gummibänder, kleiner Winkel
Material	Raimo oder ähnlicher Bausatz im Mischbauverfahren, Sekunden- und Zweikomponentenkleber, Dosierungskanülen, Farben und Grundierung, Entfetter
Schwierigkeit	2 (nicht zu kompliziert)
Zeitbedarf	2 Tage
Besonderheiten	Verschiedene Werkstoffe können dank moderner Klebtechniken stabil und dennoch mechanisch dauerhaft verbunden werden

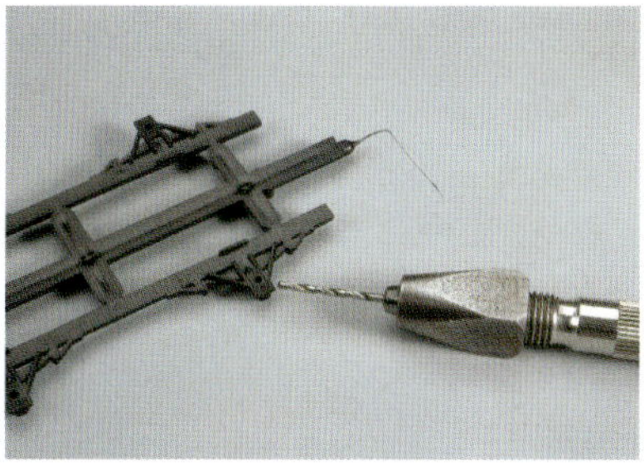

Die Achsaufnahmebohrungen werden mit einem 1,3-mm-Bohrer aufgeweitet.

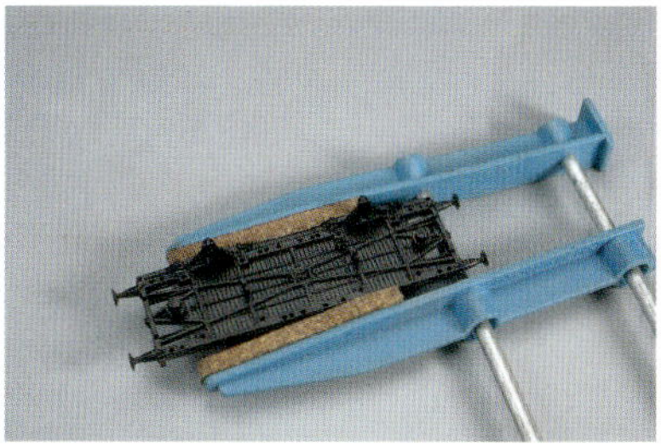

Eine Zwinge presst beide Längsträger und den Boden sanft, aber kräftig genug zusammen, bis der Kleber ausgehärtet ist.

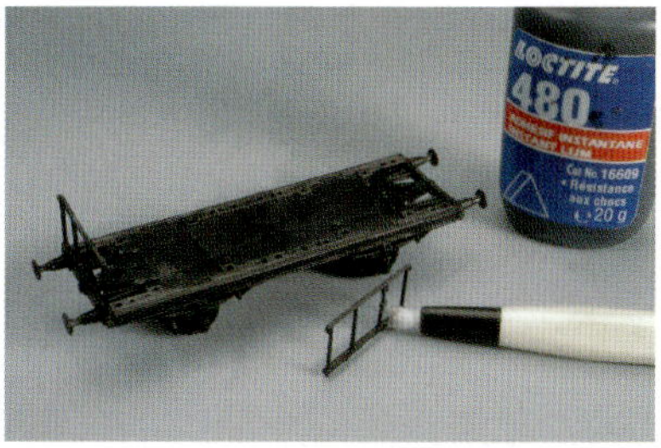

Die Klebeflächen müssen von Schmutz befreit werden.

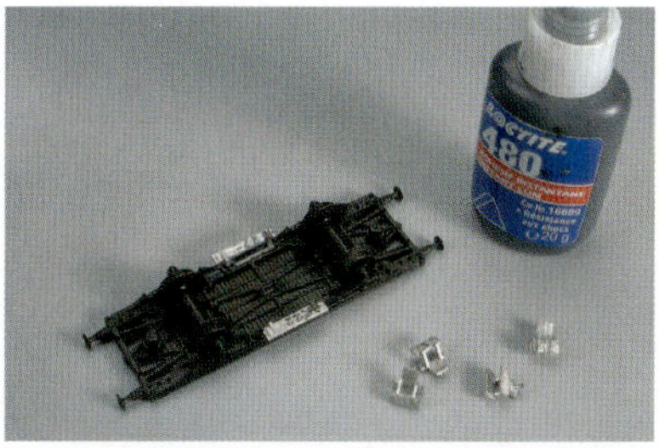

Sekundenkleber eignet sich hervorragend für die Verbindung von Metall und Kunststoffen.

Metallisch blank schimmert das noch unlackierte Modell.